匠心画境

珠海横琴长隆国际旅游度假区罗汉松造景赏析

新岭南园林系列丛书

APPRECIATION OF PODOCARPUS IN LANDSCAPE FOR ZHUHAI CHIMELONG

郭颖涛　主编

中国建筑工业出版社

图书在版编目（CIP）数据

匠心画镜　珠海横琴长隆国际旅游度假区罗汉松造景赏析／郭颖涛　主编. — 北京：中国建筑工业出版社，2016.7
(新岭南园林系列丛书)
ISBN 978-7-112-19442-1

Ⅰ.①匠… Ⅱ.①郭… Ⅲ.①罗汉松—观赏植物—景观设计 Ⅳ.①S791.46②TU986.2

中国版本图书馆CIP数据核字(2016)第103219号

责任编辑：李　杰
责任校对：焦　乐

新岭南园林系列丛书
匠心画镜　珠海横琴长隆国际旅游度假区罗汉松造景赏析
郭颖涛　主编
*
中国建筑工业出版社出版、发行（北京海淀三里河路9号）
各地新华书店、建筑书店经销
北京雅昌艺术印刷有限公司制版
北京雅昌艺术印刷有限公司印刷
*
开本：787×1092 毫米　1/12　印张：14　字数：252千字
2017年10月第一版　　2017年10月第一次印刷
定价：**168.00** 元
ISBN 978-7-112-19442-1
（28711）

本书编写委员会

山与水，至刚至柔，至高至低，至静至动，一山一水均可为文人心灵的寄托，这是信仰，更是生活。喧嚣的都市人格外崇尚居于山水之间，人人心中都有他的桃花源。贵贾的罗汉松与长隆旅游度假的商业特性高度契合，塑造出有传统意蕴的新岭南风格园林。

境

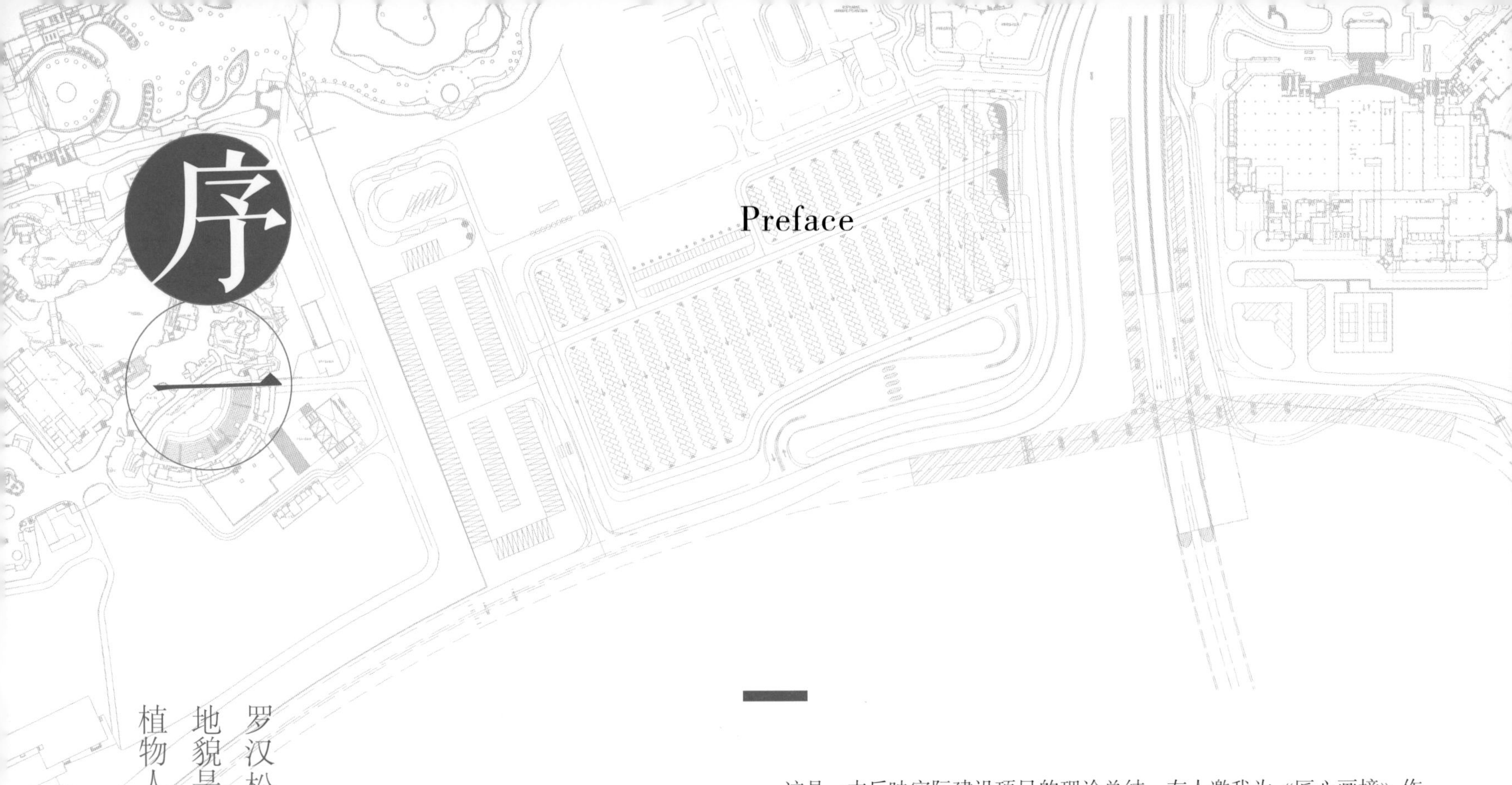

序一

Preface

罗汉松下的线溪亩池、流泉跌水无不引人入胜。地形地貌是『景以境出』的基础，该项目在这方面是成功的，植物人工群落的组织也是出色的。

这是一本反映实际建设项目的理论总结。友人邀我为《匠心画境》作序，我未了解背景，仅拜读这本书是不足为凭的。

首先，要肯定兴造者和作者付出的艰辛，白纸上作画谈何容易。作者把带有西方特色的游艺项目向中国特色园林文化方面引领，将商业发展向文化欣赏领域引领，将现代休闲生活向传承和创新中华民族写意自然山水文化方面引领。这个创作方向是十分正确的，体现了“以中为体，洋为中用”的意愿，成功地将西方的主题公园转化到富于中国特色的专类植物花园，转化后便可悉心传承和创新中国特色和岭南地方风格相结合的艺术风格。

罗汉松是岭南的地带性植物，无论从生态和人文角度来看都很接地气。罗汉松以乔木为骨架，硕大浓荫，翠帐般的树冠有若罗汉之呵护，造福于人而又寓“余荫子孙”之诗意。再者，罗汉松大可成林，小可入盆景，不但大小由人，且有药用价值，为岭南宅园、寺庙和民宅普遍采用的常绿乔木。与银杏同样雌雄异株，有“公孙树”的长生之喻。且宜于置石、建筑、

孟兆祯

风景园林规划与设计教育家

中国工程院院士

被授予风景园林终身成就奖

现任北京林业大学教授、博士生导师，住房城乡建设部风景园林专家委员会副主任，北京市人民政府园林绿化顾问组组长，上海市绿化局顾问组组长，中国风景园林学会名誉理事长，北京园林学会名誉理事长，韩国庆熙大学设计研究院客座研究员。

水体和其他植物组成综合景物。在岭南一带，城市园林是罗汉松消费的主要群体，罗汉松挺拔而清雅，颇具雄浑苍劲的人意，加以合乎福寿绵长的大吉大利，自然而然地受到广大民众的喜爱。俗话说：一招鲜吃遍天，从自然中寻觅和提炼出能够彰显地宜和人宜的树种是不容易的，具有科学与艺术双重统一的匠心。

实际上，园林的成功还在于其综合性。综合性是中国园林兴造特色的主心骨，“天人合一”的宇宙观在此体现为人既崇敬自然，又深知“景物因人成胜概”的道理。立意既定，首先要通过地形的竖向设计建立起山水的间架，包括微地形的处理。人先给植物创造一个符合植物生长的生态条件，植物进而为人营造出生态良好、风景优美的环境。罗汉松下的线溪亩池、流泉跌水无不引人入胜。地形地貌是“景以境出”的基础，该项目在这方面是成功的，植物人工群落的组织也是出色的。试想如果没有苏铁等棕榈植物和花灌木、草花的辅弼，罗汉松岂不成了孤家寡人般的光杆牡丹了吗？在诗情画意中将这些植物和地形景物有机地融为一体而成景，创新之举便在其中了。

本书的写作言简意赅，凝诗入画，要是用景名、额题、楹联和石刻等多种传统园林理微手法来表达文意，便可达到“景面文心”的境界了。

游乐场虽不是园林，亦可发挥综合的环境效益，作为风景园林的设计者如能更早介入才好。能主之人未能通盘做主，可以看出在总体空间内西洋风格的商旅建筑为主体，城堡、海盗船、硕大的鱼跳雕塑等统治着空间，与中国式园林难以融洽相处。然而，游乐场终究是游乐场，主要目的是满足游乐的愿望，笔者只是如实地反映自我观点，一孔之见深望批评指正。

2016 年 5 月 1 日　于北京

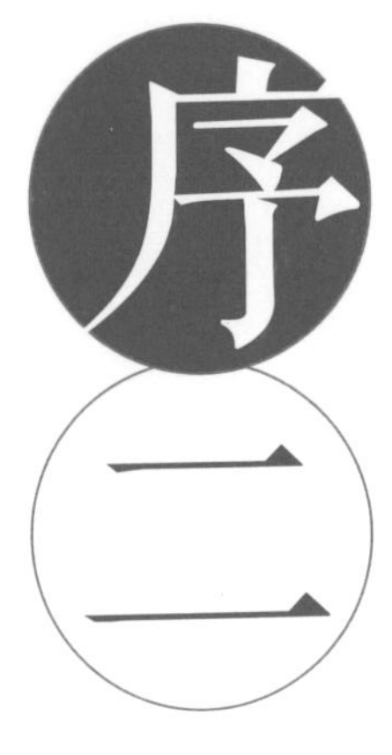

Preface

在世界上已有的各种主题公园环境设计中……唯独普邦园林，勇敢地将中国园林的精髓——山水文化、动态构图、意境空间、入境设计——融合进商业性极强的主题公园园景设计之中。

珠海长隆国际海洋度假区，地处与中国澳门近在咫尺的国家级新区——横琴新区内，是广东长隆集团继广州长隆旅游度假区之后投资建设的又一个超大型项目。其园区景观设计委托给广州普邦园林股份有限公司。在首期工程——热带海洋王国的建设中，普邦园林股份有限公司大胆地采用了昂贵的罗汉松作为主题材料，达成出乎意料的精彩效果，为岭南园林又开创了一个新的分支，引起了普遍的关注。

何谓岭南园林？我认为："在空间上以北回归线为纬，时间上以中国历史为经，其交点就是岭南园林。"（《岭南园林丛书》序言）。以此观之，岭南园林的本质就是：适应岭南的热带南亚热带地理环境，蕴应岭南的中国文化传承和社会生活变迁。

历史上岭南园林从不缺乏演进，两千多年来，除了现存的南越国和南汉国的御园残迹、清末儒商的"四大名园"、民国初期的华侨园林等，仅新中国成立后的半个多世纪，新岭南园林就出现了 20 世纪 50 ～ 60 年代

王绍增

华南农业大学教授

中国风景园林学会常务理事

北京林业大学园林系本科与硕士，先后工作于成都市园林局、成都市青白江区政府、四川省城乡规划院、四川省建委、华南农业大学等单位。著有书籍《住宅环境设计实录》与教材《城市绿地规划》。

的极简风，1970 年代的欧陆风，1980 年代的抽象派，1990 年代的后现代，21 世纪的生态主义等，其珍贵之处，在于不仅敢于“为天下先”，而且始终饱蘸着中国文脉的墨汁，在中国园林界引起的震动多次波及全国。曾有人言：只有骨子里浸透了华夏文化并时刻与世界交往着的岭南人，才能不断创造出新岭南园林。

纵览世界上 20 ～ 21 世纪之交流行的新社会生活方式，超大型主题公园是集时代创新与大众化于一体的特性非常突出的一种场所。在世界上已有的各种主题公园环境设计中，强调适用性的有之，强调地域性的有之，强调造型吸引力的有之，强调气氛欢乐性的有之，强调科幻创新的有之，唯独普邦园林，勇敢地将中国园林的精髓——山水文化、动态构图、意境空间、入境设计——融合进商业性极强的主题公园园景设计之中，其道路之艰辛，内行人士皆知，非寻常可比。然建成后各方的反映，皆尽极佳，实践证明，该作品是商业性景观营造的成功范例，不愧为岭南园林史上又一新突破和新佳作。

本项目最大特色之一，是长隆业主苏志刚先生与工程主持人黄庆和先生皆为《园冶》所称的“能主之人”，二人之间有着强烈的互信、理解和默契，是为项目成功的基本保障。在本书的第三部分，黄先生将公司的造景设计基本套路和盘端出，又在书末接受了本书执笔者的采访。显然，没有深厚的艺术功底，没有深入现场的吃苦精神，没有强大的实力，这一步是走不出来的。我特别感兴趣的是在讲到前景设计这一块，其所采用的方法已经颇为接近 A R 技术（Augmented Reality，增强现实）的思路，成本也不高，很值得宣扬和推广，我甚至认为应该纳入“设计初步”课程的内容。

2016 年 3 月 8 日　于暨南园

目录 CONTENTS

Part One

“师造化，得心源”，山水审美源于对自然的凝练，又赋予文人的情怀和心灵的寄托。心物相生追求的是天人相调和自然天成。“气韵本乎游心”，园林创作者心中的山水图景及意蕴关涉设计的成败，设计者需具备将理想化、典型化的山水意象转化为园林景物的创作技巧。珠海长隆项目巧妙地选用罗汉松作为实现山水意象的素材，将传统园林艺术创作手段与源于西方的游乐场设计结合一起，营建出具备中国传统山水意蕴的游乐体验境域。

高贵的罗汉松与中国传统的山水意趣邂逅于珠海长隆

The Encounter of Precious Podocarpus and Traditional Chinese Landscape

心物相生

理境于山水之间是心物交融的过程

Harmony of Mind and Matter

《园冶》兴造论提到“三分设计、七分主人”。长隆主人苏志刚先生主导了珠海长隆的建设，他在项目之初就下定决心要建设一个世界级的中国主题乐园，苏先生一方面有非常开阔的国际视野，引入国际顶尖的游乐园规划设计团队，采用最先进的游乐设备、材料等以保证珠海长隆项目的体验性、先进性和国际性，另一方面又不盲目照搬国外的做法，以务实的态度和共赢的思路为原则，立足本土，选择国内最优秀的团队合作完成项目建设，无论在项目落地、建筑材料的运用还是特色树种的搭配上，都充分考虑岭南地区的气候与文化的特性，打造出具有新岭南园林风格的主题乐园。

苏先生在项目建设过程中身体力行，考察了许多地方，发现罗汉松非常适宜在海边种植，因此提出在珠海长隆项目中以罗汉松作为骨干树种，设想在海洋王国入口、横琴湾酒店前庭营造罗汉松山以起到“挡中”的作用。同时，苏先生对于园林建设要求做到“巧于因借，精在体宜”，将他对游乐园的经营认知和游客使用习惯的研究与园林建设结合起来，充分考虑岭南地区的气候特点，景区内

1
源于西方的游乐场，其景物亦幻亦真，珠海长隆营造了童话般的游乐境域，给人带来无限的遐想

2
珠海长隆的布局取势于大小横琴山，海洋王国、横琴湾酒店的罗汉松景观起到『挡中』的作用

3
罗汉松景观延伸至海边，珠海长隆的格局气势恢弘，西方的形式与东方的气韵完美结合

4
横琴湾酒店的泳池边，岛状种植的罗汉松及棕榈科植物增加了空间的层次

1
2

3
4

用长廊连贯起来，为游客提供舒适的游览路线。“体宜”为造型得体，尺度合宜，是造景中形体的考量，“因借”为明晰因由，巧用借景，是造景中位置的经营。

与此同时，黄生作为本项目的总设计师和他背后的普邦团队是设计施工一体化的优秀企业，秉承中国传统造园的工匠精神，与“能主之人”苏先生相配合，在苏先生“体宜因借”的方向上，运用岭南传统园林的造园手法，进行园林设计及建造。并不止于工匠精神，苏先生和黄先生都有浓郁的文人情怀，他们以中国传统文化的审美意趣作桥梁，共同营造“体宜因借”的园林景观。

文人阶层或归隐山林，或高居庙堂，或居于庙堂与山林之间，写意的园居生活是文人阶层的精神归宿和心灵寄托，园林成为隐逸文化最基本的载体，“壶中天地”“芥子纳须弥”的园林景观成为文人逃离不完美的现实世界和投身于超越现实的桃花源理想境域的途径，力求达到“开门而出仕，则跬步市朝之上；闭门而归隐，则俯仰山林之下”的“执两端而庸其中”的“中和”状态。中和思想维系了人与自然相调相生的矛盾平衡关系，中和的哲学和思维方法使得山石、林木、建筑、水体等要素通过掩映、高下、前后、藏露、进退等关系营造符合山水审美需求的空间境域，形成丰富多元的构景体系。每一个文人皆会把自身对于理想山水的意趣投射于自己的庭园中，游乎山水间成为文人的理想生活境域，山水是媒介。山水诗、山水画的审美意趣及创造手段对中国传统造园的影响极其深远。

5
与西方的平面几何构成式设计不同，人置身于园中，人的身体体验与园内环境紧密结合在一起

6
观者被画面吸引并带入其中，身临其境如入山林

15

“气局为要，意趣次之，笔墨再次”，文人山水画所讲究的创作程序同样适用于园林设计，“意在笔先”是指创造者在实践之初就能在心中勾勒出各种山水图景，只有做到“外师造化，中得心源”才能在见山见水中悟得“本心”。以其“本心”造园，方能在园林创作中造得“虽由人作，宛自天开”的作品。在这样的作品中，一方面，园林成为文人居游畅享自然山水的空间境域，写意山水与真实生活对接；另一方面，充分考虑人身体感受与环境的关系，郭熙“行望居游”奠定了山水审美的基本标准，理想的山水境域应该是可以满足人生活需要的，在这样的环境里，山水成为庇护人的场所和居所，人在其中躺坐卧倚多种姿态皆可与自然之物发生关系，犹如《文苑图》所描绘的：“云水中载酒，松篁里煎茶”。

7
8
9
10

7 传统的造景手法及材料与源于西方的游乐场、度假酒店相结合，是本项目突破性的创新之处

8 令古代文人梦寐以求的『山居』意象

9 蜿蜒的小路在罗汉松的掩映下形成层次分明的景象，将空间延伸至海边

10 美轮美奂的酒店建筑世俗性与罗汉松的典雅相得益彰

11 酒店入口罗汉松的设计考虑了传统障景的风水意义，符合国人传统的审美意趣

12 珠海长隆合理的平面功能分布与游人切身游览体验紧密结合在一起，图面式规划与入境式设计方法相辅相成

当下中国之园林设计，深受域外尤其是欧美的景观设计理论影响，与传统造园精神渐行渐远，渐渐丢失了中国传统造园的魂。西方造园，无论是勒诺特法式园林、英式自然风景园，还是现代景观设计，都存在着“画面式”的特点，着重对平面进行创作，在这一刻，创作者仿佛成为上帝般的存在，在高空俯瞰并指点众生，从而在某种程度上是忽视了人在真实环境中的身体体验。因此，就创作方法而言，可以概括地将西方造园归结为图面式设计，而中国造园则为入境式设计。珠海长隆的景观采用的正是入境式设计，强调了景观的体验和感受。

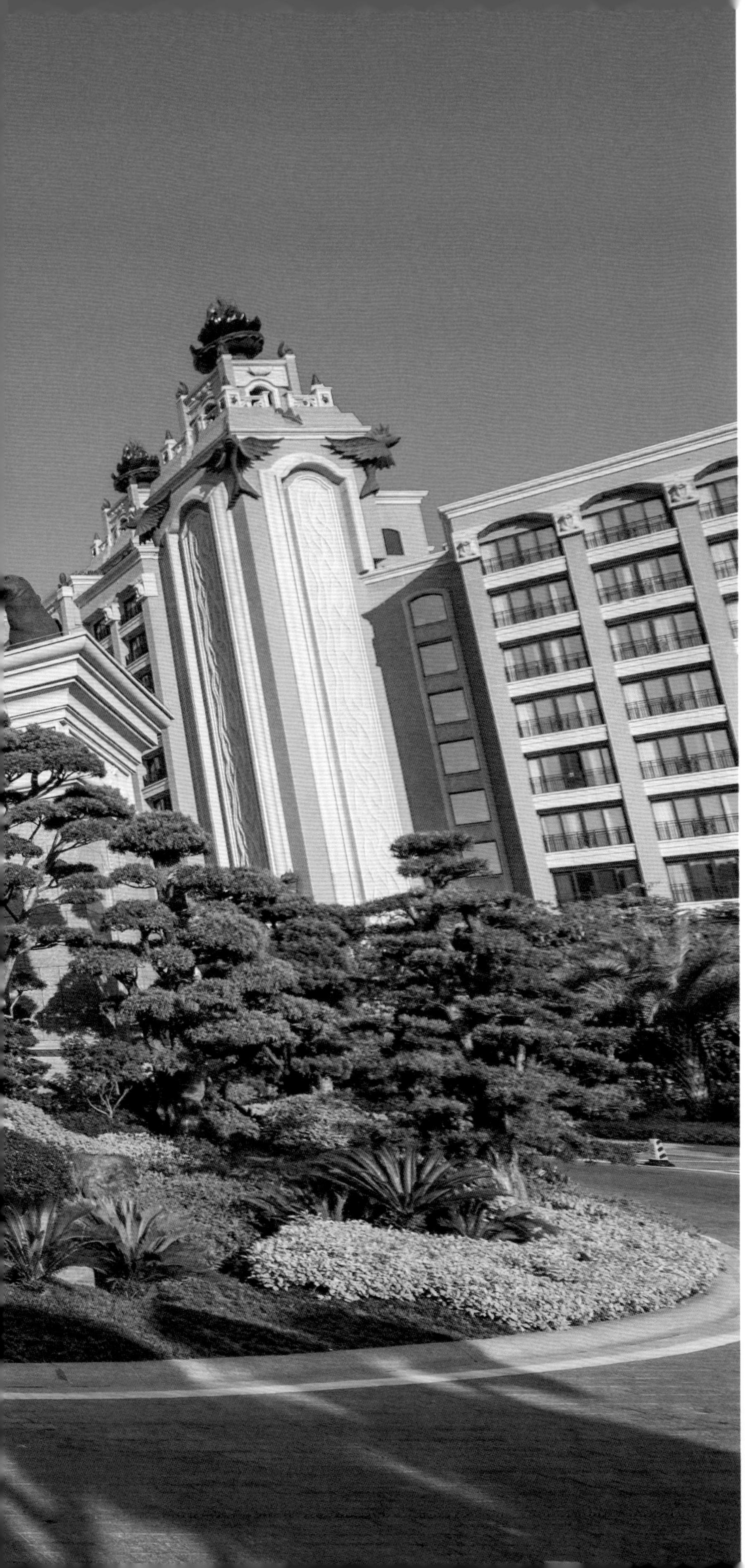

13

14

13

取酒店建筑的势营造酒店入口，罗汉松组景既能保证酒店建筑与园区景观的统一性，又实现了建筑与景观的异质性，轻重得宜、虚实相间

14

难点在于将众多极具个性的罗汉松组合在一起

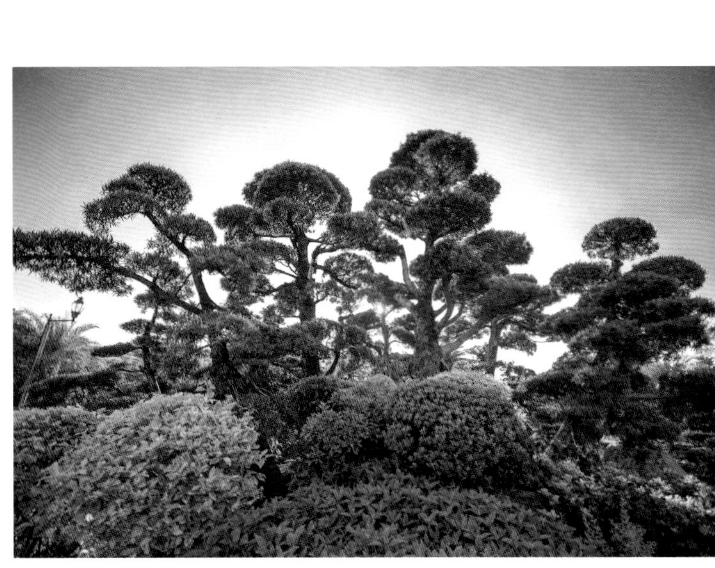

以山水为基础发展出来的园林不单单停留在眼睛视觉的层面上，更增添了许多人生哲学和对天地万物的思考。“山林与！皋壤与！使我欣欣然而乐与”是庄子发出的感叹，游于山林之地，遁入大山之中，是多少文人雅客提高修为所行之事，即所谓“看山不是山，看水不是水”，观赏者会对审美对象进行二次塑造，同时环境景物本身也在塑造着人，仅仅有“靠山吃山，靠水吃水”的基本生存索取的态度不足以使人的精神得到超脱，使精神畅游于自然万物中。山静水动，相反相成的阴阳嬗和理论是山水审美的核心，山水意象的操作，全在石与水，“无石无水不成园”，都在掇山理水一事。山之势与《山水诀》所言八九之不离十，“千岩万壑，要高低聚散而不同；叠崖层山，但起伏轩昂各异。”此乃珠海长隆构景所求之意，

意在笔先，欲造岭南佳境，着笔之处，如何化境？山水的地域性又该如何进行探讨？岭南少剑峰大川，少令人绝步之巅，却多延绵之丘陵，欲得岭南山林之意，眺望仰视之视觉不可取，而应取“只缘身在此山中”遁入山门的意趣，以近景嶙峋之石、俯仰奇松相配合，营造山林野趣。珠海长隆进行了诸多山水地域性的探索，值得我们进行一一解读。

中国园林天人合一、物我相生的观念被嵌入文化的血脉中，中国人对自然山水、自然奇秀之物的品赏自古没有停歇，如何把山水审美问题放在一个大时代中来考虑，这也是珠海长隆的设计者所探索的。虽然西方的造园手法自当代被引进后曾一度被国人所追捧，但经过民族自信的增长，对西方文化的重新审视，国人的审美需要还是会回归自性，结合社会现实延续传统所具有的审美特点。不同于西方的社会意识，国人与自然的关系更为密切，培养起现代国人的山水审美意识，应该是一种限制人的欲望、减少对自然索取的方式。维持本心，以文心造景营境，以物化的园林空间消解世间的纷扰，容纳心斋激发出的山水情怀，重建当代中国人诗意的栖居地，这就是珠海长隆创作者所追求的创作之道。

15 运用先进工程技术与传统营景方法打造的罗汉松岛，成为园内最大的亮点

16 精心点缀于园中的罗汉松小品

17 松动石静，相反相成的阴阳对比，是珠海长隆造景的核心理念

仙柏奇秀

特色之谜底——罗汉松

Extraordinary Celestial Podocarpus

园林重在建筑还是重在植物？

童雋先生给出的答案是：“即使没有花卉树木，它依然成为园林。”“中国园林……是建筑物而非植物主宰了景观。”显然，童先生是重建筑的，有人替童先生解释：“因为建筑在言山水事。”其中的原因有一定的合理性，我们所熟知的明清园林是文雅之士避世的好场所，传统园林往往与居住场所紧密结合在一起，园林同时亦是世俗的场所，于是园林中的建筑量常常盖过了自然之物。传统园林是如画的，如诗的，本身是对自然的摹写，而非对自然复制与照搬，换言之，传统园林本身就是具备身体尺度的盆景。而珠海长隆这一作品是要为园林中的植物正名的，意欲突破传统的手法，以自然之物描摹自然，以自然植物言山水事。以罗汉松来作描绘山水长卷的材料，是园内最为创新的手法。松即石，垒之可为山，松便可为山，俯仰生气。配合白沙花境等造园元素，可营造“山静水动”的阴阳之势。

松与罗汉松在植物分类学上皆属松杉纲，罗汉松是全园最具特色的植物，原本本土所产之小叶榕亦可为山林之景，每每在盆景亦可常见之，但是在真山真水尺度下，小叶榕生长速度过快，整体形态却不易控制及管理，所为山林之景极野，有深山老林之景，使人无居游之意欲。罗汉松生长速度慢，易于管理，造型可控，不管是盆景还是庭园皆能得到相类似的效果。罗汉松的姿态是沉稳的，沉稳若磐石，盘虬仰探，枝叶疏疏密密，如同太湖石“瘦透漏皱”般俯仰多姿。

1
富有禅意的松石组景，一俗一雅，形成有趣的对比

2
体量庞大的酒店建筑成为罗汉松组景的背景，交由尺度更为精巧的罗汉松言山水之事

1

2

3

观罗汉松，木即是石，石即是木。一种是迸发生命力、体态扩张的木，一种是历经风雨沧桑、侵蚀风化的石，木石二者体征，交织在罗汉松上。漫步罗汉松群，如同穿插游览于石林，旁侧经过，顿足仰视，如临不可至之绝顶巅。或险峻，或平缓，峰回路转，乐融融于山川之中

珠海长隆园内所用的罗汉松，很大部分是来自于外地的工地，有相当的树龄，被迁移到园内的罗汉松，获得第二次生命。原本自然之物进入人们生活环境之中，在人的审美之中，自然之物便具有人的形象，松贵乎老，是国人对松一贯审美倾向，松愈老，则愈古，愈古则历练丰富，愈富苍劲之质。叶燮《〈原诗〉外编》中解释“松贵乎老”的原因：

“以言乎苍老，凡物必由稚而壮，渐至于苍且老，各有其候，非一于苍老也，且苍老必因乎其质，非凡物可以苍老概也。即如植物，必松柏而后可言苍老。松柏之为物，不必尽干霄百尺，即寻丈楹槛间，其鳞皲夭矫，具有磐石之姿。此苍老所由然也。苟无松柏之劲质，而百卉凡材，彼苍老何所凭藉以见乎必不然矣。”

罗汉松生长之慢，使得观赏者只有在点滴岁月中，辅以精心呵

4
5 6

护才能感悟罗汉松的变化，每历经一刻，岁月的刻刀会在树茎、枝叶留下印记。大多移植而来的罗汉松的姿态更多被自然塑造而成，发自内生长的动力，自内而外，适应自然的水热光雨，俯仰姿态浑然天成。“因材而用”，根据材料各自的特点来进行造型的设计及位置姿态的经营。对罗汉松的自然姿态的适当改造，把植物变成了有生命力的艺术品，同时是对珍稀植物的保育手段，也同时为植物增添了附加值。

4 园内罗汉松大多涉重洋而来，为游人带来视觉与身体体验的盛宴

5 苍老之松，具磐石之姿

6 松景搭配的好坏，皆在位置经营，随物赋形一事，经营修剪得当，方乃天成之景

冰凉夏日海洋总动员

7 度假区主题建筑色彩缤纷，极具视觉冲击力，是游人寻觅狂欢之地

8 遍布园内的罗汉松姿态典雅，又可使游人静心畅游其中，乐而不淫，张弛有度

秀丽的仙柏与主题游乐园的搭配并不与世俗环境相对抗，仙柏在此更具世俗观赏的作用，是营造山林意蕴的主体，是普罗大众皆能品赏的对象，群松营造的令人胸臆畅然的山水图，是人们发自原始内心而赞叹的秀美，能雅玩者定得真赏。

1 园内遍布奇松怪石，石头姿态各异，同言山水之事

2 瘦透漏皱之石，顿足而视，颇具山居意味，亦可拳石当山，叫人神游其中

木石有言

游于此园，一木一石，皆有所言

Utterances of Trees and Rocks

讲究“移天缩地”的传统盆景美学可谓是该作品另外一个重要的思想源头，珠海长隆在某种程度上像一个巨型的罗汉松题材盆景花园。盆景，顾名思义，盆中之景，是盆中的山水，立体的山水画。同样满足着古代传统文人对名山大川的臆想，所营之景，或大气磅礴，或巍峨险峻，或清新淡雅，让玩赏之人身临其境，犹如游览了名山大川。其实文人对盆景的赏玩类似于山水画，皆是讲究“卧游”，“以形媚道”，宗炳叹曰：“老疾俱至，名山恐难遍游，当澄怀观道，卧以游之。”抒发了在交通不便的情况下，只好把山水之向往寄托于微缩之物中，此乃卧游。

1 2

时代需要新的山水审美，犹如郭熙所强调的“行望居游”，而其中“可行可望”不如“可居可游”。珠海长隆园林创作者把画之山水与盆中山水放到现实场景中，让观者自由自在畅游其中，切实体会山水画意中身体与山水的关系，“人道我居城市里，我疑身在万山中”。山水长卷式的景观营建，其浩大程度堪与艮岳相比，现代的工程技术给了此次的尝试以有力的支持，在短时间内便能使理想山水园境营造出来是前所未有的。现场图景的设计得益于数码技术的成果，苗木的搬运、土方的调配得益于机械技术的发展，各个

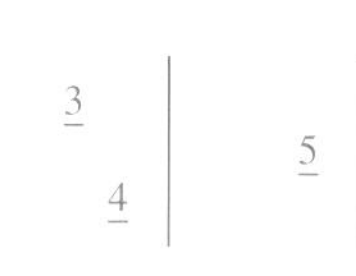

3 近景以精美松石处理，未山先麓，令人有山林之感

4 近赏石头，姿态别致、肌理丰富

5 游人可以近距离体验松石之材质，与松石发生对话

6 体量如此巨大，数量如此之多的景石苗木，工程之浩大在古代是不可想象的，艮岳亦难以比肩

7 如云之松与入云之石，言险峭之峰

8 卧石与卧松组景

9 罗汉松与弯曲园路相互配合，发挥植物障景特性，引人入胜

现代的专业团队经过紧密合作，从大尺度营造出了传统山水之盛境。

传统山水审美绝非现代技术的绝缘体，即使中国传统的价值体系已全方位地受到西方文明的冲击，最新的技术成果正帮助我们延续并发展传统的山水审美。

珠海长隆营造悠游之境地

Idyllic Scenery In Zhuhai Chimlong Ocean Kingdom

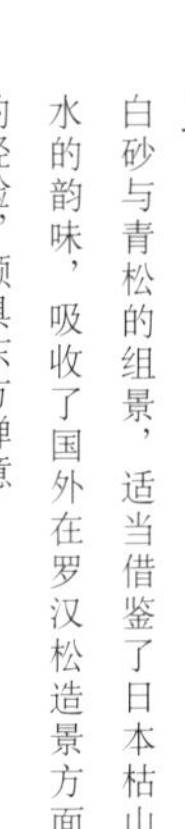

1 白砂与青松的组景，适当借鉴了日本枯山水的韵味，吸收了国外在罗汉松造景方面的经验，颇具东方禅意

新岭南园林

既不复古，也不排斥他山之石，秉持务实的态度和为我所用的原则

Modern Landscape With Lingnan Characteristics

珠海长隆的景观设计旨在立足岭南，而又不局限于仅仅继承和发展岭南古典园林的营造技术，广泛吸收其他类型园林的技术手段，如北方皇家园林的大尺度堆山手法，力求在当代岭南的造园中有所突破，并将它称为“新岭南风格园林”。

2 东方罗汉松与西方游乐场景观巧妙结合，西方游乐场的新奇景观在园内十分常见，妙趣横生

3 罗汉松构成了植物景观格局，成为园内东方传统自然美的代表

4 鲜明之反差，如临东方幻境，或入童话世界

新岭南风格的园林要求整体空间氛围是雅俗共赏的，既要有古代中国传统山水园林之雅，又具备现代世俗游乐之趣，且能两者交融。珠海长隆建筑造型奇异精巧，本质为游乐之环境，游人在其中能感受到强烈的异域风情，又可享受天伦之乐，除此之外更能感受作为基调的中国传统景观，罗汉松作为传统意趣的载体，奠定全园景观的基本文化调性，罗汉松在此俯仰生姿，错落有致，有山形之势，又有水态之神。此可得圆明园之意蕴，胜在奇巧，胜于中西合璧，岭南风韵，雅逸与猎奇两相宜，有谐奇趣之精巧，有蓬莱武陵之春色，有万壑松风之苍翠。异域与传统交融其中，世俗的快乐与精神的享受相得益彰，令人神往。此乃妙趣，是一种雅俗共赏的乐趣。

奇巧之物总可引发观者的诗意和情思，群松布局精巧，疏密之间，营造旷奥，游人游历于立体的风景长卷中，“山重水复疑无路，柳暗花明又一村”，转角处的新鲜精致总能激起游人探索的乐趣。此中乐趣毫无矫揉造作之嫌，童叟无欺，路转则心转，世俗乐趣在园内即可得。新岭南园林的设计风格及手法不意味着是一味地复古，一味追求岭南古典庭园的空间趣味，在对待传统文化的态度上，新岭南是中庸的；另一方面，新岭南也不排斥外来的文化，现代的技术被广泛且有选择性地吸取和改良，事实上岭南园林有吸收域外造园技法与经验的传统，所谓新岭南是强调在新时代园林建造外延比过去更加宽泛的情况下园林建造的思想梳理和建构。它是以山水画论建构的造园理论为内核，本着营建山水体验和感受的境域出发，在保留岭南传统庭园山水意趣的基础上，结合现代工程技术手段营造园林空间，打造一个全新的园林景观体系。新岭南园林的思想核心是围绕着中国文化纵轴与热带亚热带交汇点这一文化特质进行设计，秉持务实的态度和为我所用的原则，在项目实践中坚持实事求是的思路，依据项目的实际情况选择恰当的设计方法，在科学与艺

术之间寻找到适宜的平衡点，塑造可行、可游、可赏、可玩的空间境域，成为现代都市人的精神家园和心的寄托。提出“新岭南园林”的概念，核心是面向未来园林行业的发展趋向在理论上占据高点，新岭南园林强调的是社会大园林，特别是具有中国特色的风景旅游和主题乐园的园林设计理论，强调的是罗汉松与度假酒店、海洋王国、度假区等要素的有机组成完整体系，形成动静结合空间游赏空间系列。

5 6 7

5 罗汉松与弯曲园路相互配合，发挥植物障景特性，引人入胜

6 一抹嫣红的轻与罗汉松的重形成对比

7 童话般的酒店与罗汉松建构了一幅魔幻般的画面，真实与虚幻同构，轻盈与厚重并行

Part Two

林木山石等诸要素，或大或小，或藏或露，或深或浅，或前或后，或高或低。主体造园要素罗汉松与地形、水体、建筑、景石、白沙、花木、灯光等景观要素按山水画原型造景或取其意，模山范水，塑造不同类型的罗汉松景观，或突出层次，或强调动势，或彰显意蕴，或体现色彩，或适于静赏。如画般的景致尽显罗汉松的审美特质，贵贾而不低俗，与酒店、游乐园编织一幅幅山水图画。

清风明月与湖光山影邂逅于罗汉松编织如画景致

Fresh Breezes With Bright Moon Light
And Lake And Mountain Scenery Meet In The Picturesque
Scenary Created By Podocarpus

白砂青松

自砂掩映下的罗汉松犹如水石一体

White Sand and Green Pines

1 青松言山，白石言水，一静一动，相映成趣

2 罗汉松种植富有层次，富有山林野趣

3 溪发于涧，白石从松间泻出，仿佛可听叮咚水声发于其中

4

5

4
凡素色之物皆可言水，点点白花，亦有波浪泛起浪花点点之感

5
白砂青松，共言山水之事，描绘一幅大江出于峡的山水长卷

松林花境和白石滩的接壤处，分界线相互交错，妙趣横生，地面上并没有杂乱扰人的杂草。松林底部草坪被白砂、白石所覆盖，令人顿生清凉意。日本庭院恰巧与之有共通奇巧之处，《万叶集》有诗曰："松柏倒映的清流岸边铺上鹅卵石，阁下能否驾临这样清爽的河岸。"此白石滩有枯山水之意，如观局部，或似潺潺溪流，泻于沟涧之中；如以山水长卷而观之，或似滔滔江水，奔流于奇峰怪石之间，临渊而望，深谷回响，雾气蒸腾，一泻千里。

P

1 白砂、松石等异质材料，色彩、纹理都值得观者细细鉴赏与体味

2 在白砂青松的基础上，山之意象用压岸之石进行突出，以呈灰白色彩的英石或湖石营造素雅石浪之景

苍松石浪

罗汉松塑形，景石构质，远可观其势，近则赏其质，或平远延绵，或深远起伏

Billows of Pines and Rocks

苍翠的罗汉松俯仰观探，与来自各地的怪石配合组景，古人言“松下之石宜拙，梅边之石宜古，竹旁之石宜瘦”，园内选石，体态饱满，外表斑驳，颇有可爱敦厚之形意。若远观之，配合罗汉松沉稳之形，则有平远延绵山水之意，画家郭咸熙道“每做群松，大小相连，转巅下涧，一望不断”，千株百株一望不断；若近观之，则有临渊深远之意。视线变换间，山石如涛，此起彼伏，浩浩汤汤，胸臆畅朗。

3 松石缠斗，不分彼此，其意深远

4 一松一石，顾盼生姿

5 设计中特意留出纵深感极强的视线，以突出水势的延绵，游人可得深远之感受

明月松涛

夜幕将至，月色隐隐，晚风轻拂，松涛迭叠，霓光霞照之下，松影愈显婀娜，又是另一番情趣意味……

A Bright Moon, Pines and Wind Soughing

皎洁的月光与苍劲的罗汉松，亦会是魅力之景，《园冶》云："松寮隐僻，送涛声而郁郁"，明月松间照，小路蜿蜒穿插于松林间，以疏密藏露营造松涛之境，针叶相互摩擦，发出谡谡美妙声音，引发观者或沧海桑田或情绪激昂的独特体验。"松际露微月，清光犹为君"洒满银光的松叶，颇具静谧的山野气息，为人境却有然境之野。皎洁明月不常有，珠海长隆酒店外是重点的夜景营造区域，如何保证夜晚松景都能有作为最佳的观赏效果，还是要利用灯光进行点缀。

1 酒店会议中心外的松石夜景一角

2 横琴湾酒店门前光影斑驳，映射于墙上，颇具朦胧迷离幻色

利用射树灯，亦能有斑驳树影，更能在晚上再次赋予罗汉松的阴阳向背。点点灯光与灿烂星空，给予游者充足的安全感，不至落入苍莽山林之中，正引领着游者渐入佳境，舒心畅游，引领游人进入恢弘的酒店大堂，同时这也是一条归家之路。

3
松间明月生古意，射灯、庭院灯等照明设备营造了妙曼的夜景，丰富了景区的景观与游客的体验

4
鲜花烂漫，点点灯光，又是醉人之景

5
白砂青松夜景，白石滩如大河东去，群松错落如山势延绵

6 7 | 8

6
酒店夜景俯瞰，建筑体富丽堂皇，恢弘大气

7
酒店大门夜景，亮度对比之下，前景罗汉松成为剪影，层次丰富

8
灯光布置要使罗汉松有阴阳向背，近实远虚，前景明亮灯光详写松树基部，隐去其顶；远景以弱光，使之隐入夜幕之中

1 落日松风起，沐浴着日暮光辉的海洋王国，松叶闪烁亮丽

夕照金辉

日出日落，金黄的余晖洒在罗汉松叶上熠熠生辉

Twilight at Sunset

有朝时之景，有暮时之景，亦有明月当空之景，如何利用自然之物的时间变化作为造园要素，在珠海长隆中亦得到尝试与探讨，本园中引入了“落日松风起”的意象，金黄的余晖洒在罗汉松叶上熠熠生辉，微风拂过，如海浪般晶莹闪闪，罗汉松叶片本身蜡质表皮的观赏特性亦被发掘了出来。暮时天空成为美妙的画布，余晖又

2 | 4
3 | 5

2
夕阳西沉，珠海长隆全园浸在暮色之中

3
西斜暮光为罗汉松岛营造逆光剪影，形成剪纸般独特的落日景致

4
罗汉松岛与中心湖俯瞰，全园在暮光的包裹下，颇为静谧

5
浸在日光中的鲸鲨馆，跃出水面，熠熠生辉

为罗汉松营造的逆光剪影，形成此园独特的落日景致，尤以园内中心松岛之景最为突出，逆光之像成为一幅二维的山水剪纸画，以光线为画笔，光与影之间，挥洒出一番美妙的景致，不正是阴阳相反相成理法的一种体现吗。日暮照人间，披洒着余晖，漫步在松道上，又可有另一幅天然图画，而换一种心境“夕阳无限好，只是近黄昏”，却又能在其中体会瑟瑟之伤悲，喜悲之间，皆出耐人寻味之景。恰在一瞬，绽放异彩。

6
夜幕降临，全园沉静下来，等待着璀璨华灯，精彩的夜景即将呈现

7
暮光从廊子中穿出

8
酒店入口之晨色，朝霞绯红如重彩渲染，漫步其中，可赏天然图画之大观

6 7 8

松矶问水

水景、生物之活泼，借用《静读园林》里对水景的描述

Fish-watching at Rocky Ledges

“溪水清澈，修鳞衔尾，幡藻交枝，历历可数。”无水不成园，水是中国园林的血脉，营造雅致的水景是文人造园时的不懈追求。本园在营建水景时更为注重人与水的互动，传统国人强调“知者乐水”的审美观念，何谓“乐水”，诗云：“思乐泮水，薄采其茆，鲁侯戾止，在泮饮酒”，认为水可引发有修养的行为，人在与水的互动中得到满足与内心的升华。

1 中心湖临水景致，临水松石相映成画

2 乐水乐松乐石，人与水发生更多亲密互动

在本园实践中，水岸以参差的石岸与平直的栏杆驳岸相配合进行营建，石岸借鉴山水画之皴法来营建。水岸高低起伏，高者颇有高峡深渊之势，令人游于赤壁之意；低者如临广阔水面，洞庭湖浩浩荡荡之感。同时引入了松水组景，罗汉松临水而栽，若座座山峰矗立，有漓江山水之感。人们在此赏松，更可观鱼嬉水，“唱晚渔歌傍石矶，空中任鸟带云飞”，体验庄子的“知鱼之乐”，文雅与世俗娱乐结合在一起，并勾起游人心中传统审美的情愫。其中的文雅，绝非“孤舟蓑笠翁，独钓寒江雪”式与世俗隔绝的孤傲之雅，人与自然动物融为一体。

3 配合景观喷泉，偶尔打破平静的水面，活跃气氛，动静结合

4 两侧以赤石叠岸，营峭壁之势，神游其中，如游赤壁

5 水、石、松三者或高，或平，或远，石成为松与水的纽带

静影沉璧

浮光跃金，静影沉璧

Resting Reflexions of Jade

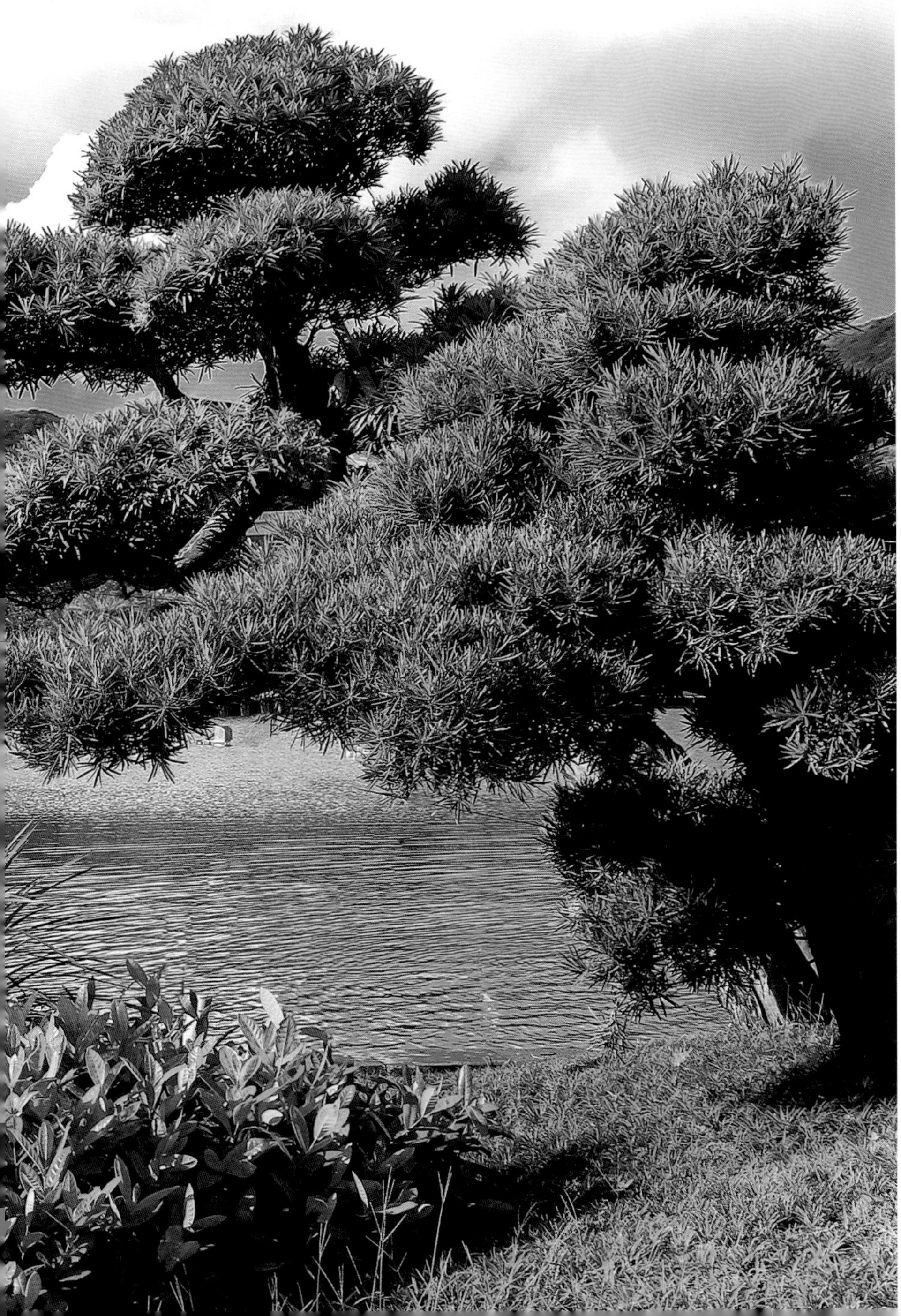

1
清风徐来，水波不兴，运用碧水造景，周边群山建筑在水中之倒影若隐若现

2
在无法看到水的位置情况下，则通过漏景的手法漏出舟之一角，有舟即有水，以大舟以引出宽阔之水面

3

清海洋动物形象的园林建筑与宽阔水面相映成趣，处处强调着海洋主题

4

水景与罗汉松的紧密关系体现于罗汉松间隙中的漏景当中

5

山水动静亦可蕴于松水之间，静松动水或动松静水尽随心境转换

3

4 5

“浮光跃金，静影沉璧”，美妙水景成为本园布局的中心，静则微风拂浪，晶莹灿烂星光闪烁，平日静水若为动，动则有泉喷涌其中，热闹非凡。

作为国内最具代表性的民族旅游品牌——长隆集团，为打造世界级的主题乐园环境，需要做出自己的民族特点，本土性即是本次设计的重中之重。为了达到本土性的体现，很多造景意象都是源自于中国传统园林文化和传统中国山水画的诗情画意，同时采用来自全国各地的名石，结合传统园林叠石手法，充分体现了岭南园林的兼收并蓄。虽然主题乐园的概念和模式是沿用西方理念，但是在珠海长隆海洋王国的项目中也大量融入了中国文化特色，特别是园林造景空间上的创新，比如乐园入口罗汉松山的营造，以罗汉松和黑松为主调树种配植，形成岛屿景观，以山水画长卷式展开，铺排舒展，气象恢弘。

6 上下天光，一碧万顷，游乐之妙趣尽在半山半水之间

7 滨水松枝探入水旁，环水皆松，以倒影强调松与水的景观关系

8 俯瞰海洋王国，湖水如一块碧玉，静静躺在园区中间

嫣姹缤纷

花景，以缤纷色彩点缀苍翠，造灵动之景

Charm and Beauty of Flowers

1 色泽明艳之花需布置为前景，详写山脚，丰富景物层次感

2 以色彩明艳的开花植物点缀其中，打破园中苍翠苍凉之感

3 园内花溪，贯穿于松石之间，灵巧生动

罗汉松之苍翠为主体色调，但过于苍翠则易予人苍凉之感，在冬季则予人过于寒冷之意。于是在局部以缤纷色彩缀之，以活跃画面，同时亦是“详写山脚”之手法，丰富观者近距离的观赏内容，以造灵动之景。色彩上罗汉松的深翠与洁净的白砂石相搭配，避免使用大面积过于艳丽的颜色，以红紫花朵星点点缀于其中，注意其中聚散，聚散有致，层次丰富，使整体画面跳跃起来，主体环境素雅而不媚俗。

群松仰探

松群，出入口的景观

Billows of Towering Pines

本园最为引人注目，最令人眼前一亮的自然是出入口处的群松组景，入口罗汉松成为园区之门面，有画屏景墙之用，群松犹如山水长卷绘于其上，山中云雾时聚时散，舒卷不定，群峰之间隔渊相望，景观奇险，在此有“相看两不厌”之意味。此部分引入“归家”的概念，越过此松岛，犹如已然归家，侧重以松岛围合出群山环绕之感，使人先遥望远山，然后坠入到山林的怀抱，远近之景变化有致，人的身体体验与罗汉松围合的空间发生关系，人在此中感受到的围合感最为突出，其中有群峰高耸之意。其中“云中松”之景最为精巧，此园为平地造园，相地可知并无高峻可凭借之山势，造园者临路置

1

2

1 用作点景之用的罗汉松在园中随处可见，布置精巧

2 各型罗汉松形成曲折有致的林冠线，成为酒店入口突出的景致

挺拔之松，缩短观赏距离，引人抬头仰视，此时松与天上浮云相交织，流云绕松，罗汉松便具凌空之势，翼然于绝顶之巅，此举借用传统造园“未山先麓”之法，详写山脚，隐去山腰，复现山顶，重点营建极具包裹性却可以收放的空间氛围。

松树单体如此之多，如何进行合理布局亦是值得考虑的问题，“经营位置”也是历来文人会思考的问题。白居易有云“引水多随势，栽松不成行”（《奉和裴令公》）山水有势，松亦可有势，成行植则使松类柏，毫无自然山水之势，氛围肃穆而使生气全无，死寂一片。观园中松景，松群布局错落有致，星罗棋布，栽松以潮浪之势，松浪松风蔚为壮观，林木花卉，灿烂如锦。漫步其中，如同穿插游览于石林，旁侧经过，顿足仰视，如临不可至之绝顶巅。或险峻，或平缓，峰回路转，乐融融于山川之中。

3
酒店入口所造罗汉松之岛，以作画屏之用，引人入画

4
罗汉松所造之『峰』与园外之山相呼应，全园尽得山林意趣

5
喷淋之时，罗汉松有云雾缭绕之意，营造出『云中松』之景

4
3 5

6

7

6
酒店入口所造罗汉松之岛，以作画屏之用，引人入画

7
罗汉松山石夜景，在灯光的映射下，群松在夜间同样有了阴阳向背

Part Three

罗汉松不单是植物材料，是塑山题材。由海洋王国入口罗汉松主景山至横琴湾酒店四周山脉延绵连续不断，游客可将自己代入其中，“观者如涉”，犹如欣赏一幅山水长卷。建造者将自己置身于项目现场并从场地出发，采用入境式设计手法塑造“借山入海”的空间格局，将大小横琴山山脉延续至主景山并通过横琴湾酒店延伸至南湖，虚实结合，在有限物质空间中塑造无限的精神境域。

酒店入口、海洋王国罗汉松山设计剖析

Design Analysis of The Hotel Entrance and Podocarpus Mountain in Ocean Kingdom

从卧游到实境

造游同理，理境为先——案例一，横琴湾酒店入口设计

From Traveling by Landscape Paintings to Reality

1
珠海长隆的园林设计不仅强调山水长卷般的如画景致，更强调可参与性

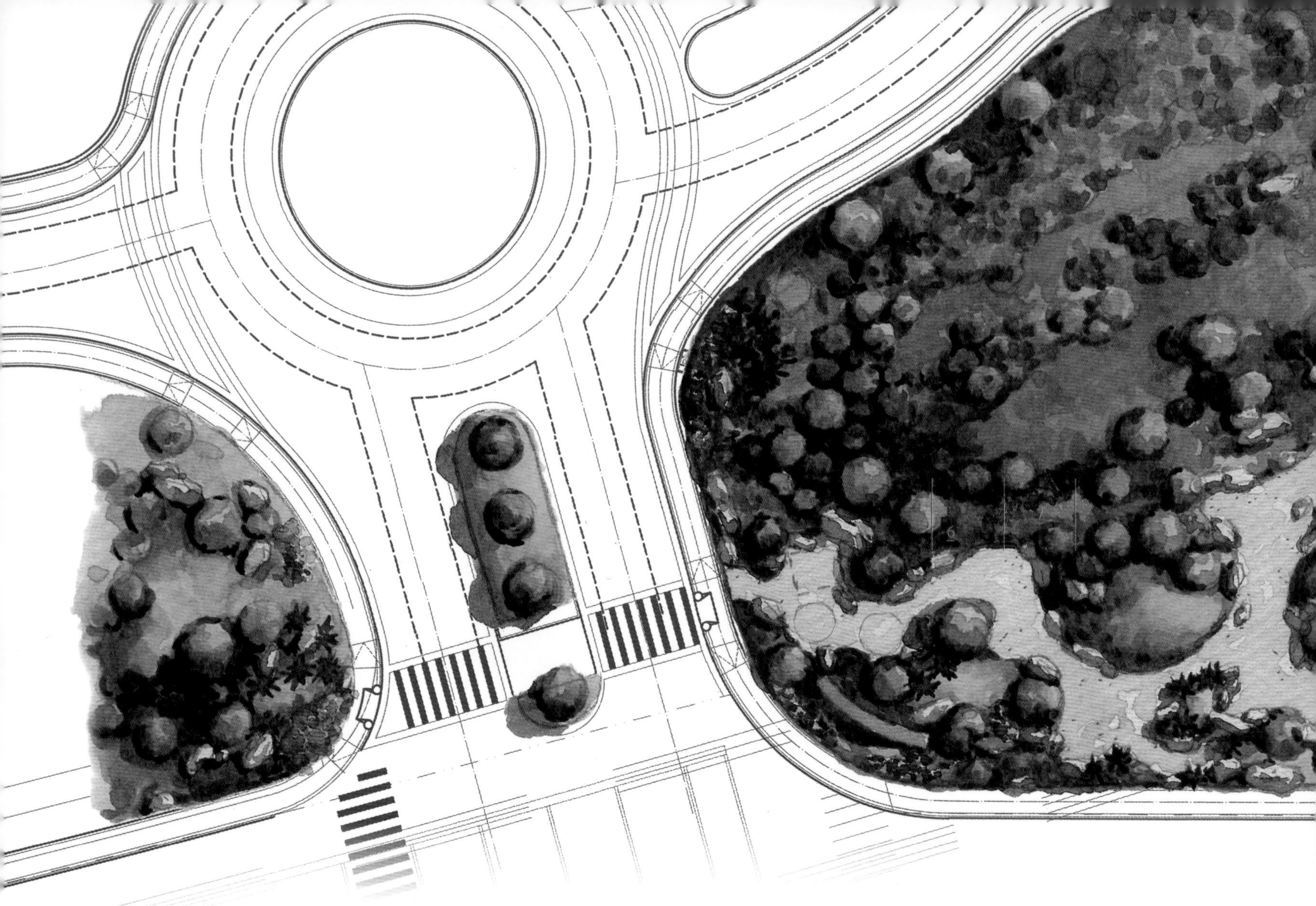

《画荃》提道：“得势，则随意经营，一隅皆是；失势，则尽心收拾，满幅全非。”此处既是酒店入口也是景区入口，建造者改变了设计方案仅仅从平面考虑而缺乏对场地深刻感悟的缺点，采用入境式方法从场地出发取势于大小横琴山和澳门南部山林，延山借水，使得远山、近海、酒店、罗汉松景观等要素融为一体，气脉从山上一直延伸到海边，强调象外之境，形成从平面、立面到三维物质空间再到无限的延伸精神境域。

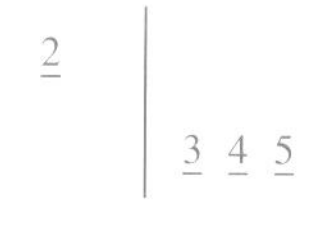

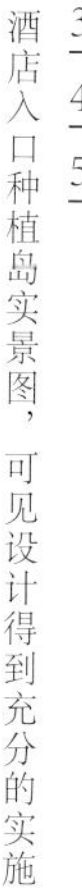

2 酒店入口设计效果图

3 4 5 酒店入口种植岛实景图，可见设计得到充分的实施

戴进的《南屏雅集图》描写元末名士杨维桢春日携友游杭州西湖，在南屏山下莫景行山庄中宴饮酬唱时的情景，画中所呈现的“平岗远阜”山水意象，和场地特质极其吻合，建造者敏锐地抓住了这一特质，以罗汉松为建造骨架，亚热带植被为其质感和衬托，抓住平岗远阜的山水特点，遵照“先立宾主之位，次定远近之形，然后穿凿景物，摆布高低”的画理，围绕罗汉松“松似龙形，环转迴互，舒伸屈折，有凌云之志”的特点突以出其山脉气势，在整体上呈现出以罗汉松为主调树展开一幅浓纤相宜、清静悠远的泼墨山水长卷画，随着人工营造的山势或耸而拔逸，或屈折而俯仰，或躬身而若揖。

山水画讲究经营与意境，将自然山水、风景形象浓缩于尺寸画框内，以达意不尽境不绝的画境，观画如亲临山水。珠海长隆海洋王国的横琴湾酒店入口部分即以植物长卷式造景为依据，从入口到酒店大堂的空间处理如一部 3D 电影，每个节点即一幅画面，游人游历其间，所观所感不断变化。以罗汉松作为主调树种，青绿叶色继承了水墨画的清雅素净，在流动的空间内展示中式植物造景的古典审美观，即造园者对山川林木的情感，加以当地文化的融入，在情感上引起游人的共鸣。

6 | 7 8

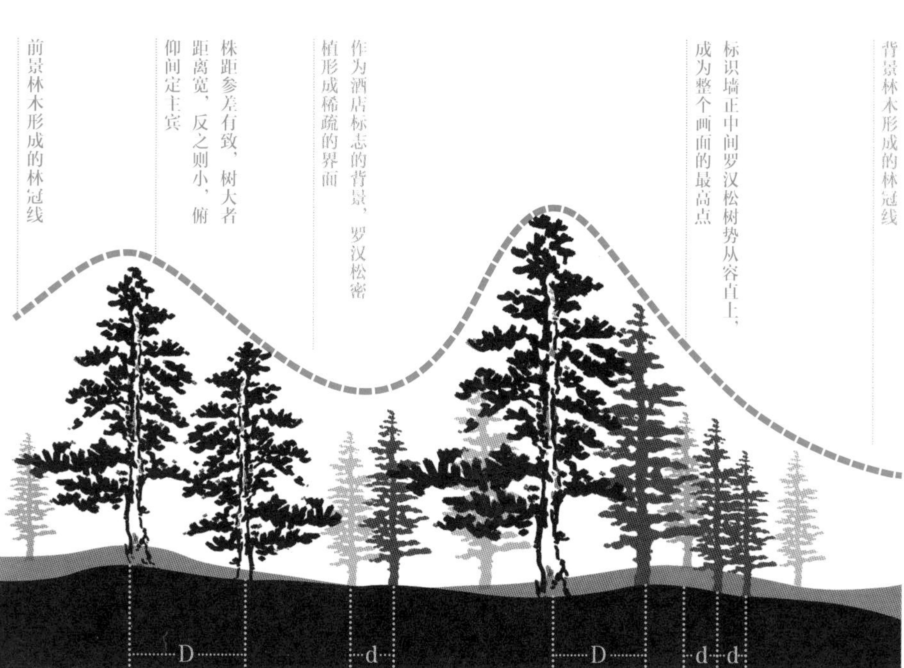

6 明代画家戴进《南屏雅集图》（局部），笔墨舒放，平远山景与树林之远近疏密，颇为得体

7 前景与背景树种形成两道林冠线，两道林冠线相交织

8 通过对罗汉松远近的布置而营造高低之势，同时协调个体之间的种植间距，方得连绵有序的林冠线

以“横琴湾酒店”标志牌为前景，并借清俊挺拔的罗汉松作为背景，标志牌正中间罗汉松树势从容直上，成为整个画面的最高点，主体身份一目了然，之后依次展开，株距参差有致，树大者距离宽，反之则小，俯仰间定主宾。主景与背景在色调和色度形成较大的差异，浓绿色调的罗汉松层衬托金色为主标志牌，使之愈加明显。同时借景酒店火炬状的屋顶，丰富画面借远景两株枝干疏朗的香樟丰富其高低起伏形成的轮廓线。罗汉松树姿苍逸健朗，所营造的山势或耸而拔逸，或屈折而俯仰，或躬身而若揖。主体树拔高，两边逐步降低，到低谷处再次拔高，形成两条主要的向上伸展的错落有致的天际线。

9 酒店入口设计推敲草图

10 酒店入口手绘效果图，两侧高耸通直的罗汉松构成夹景，突出了酒店主体建筑

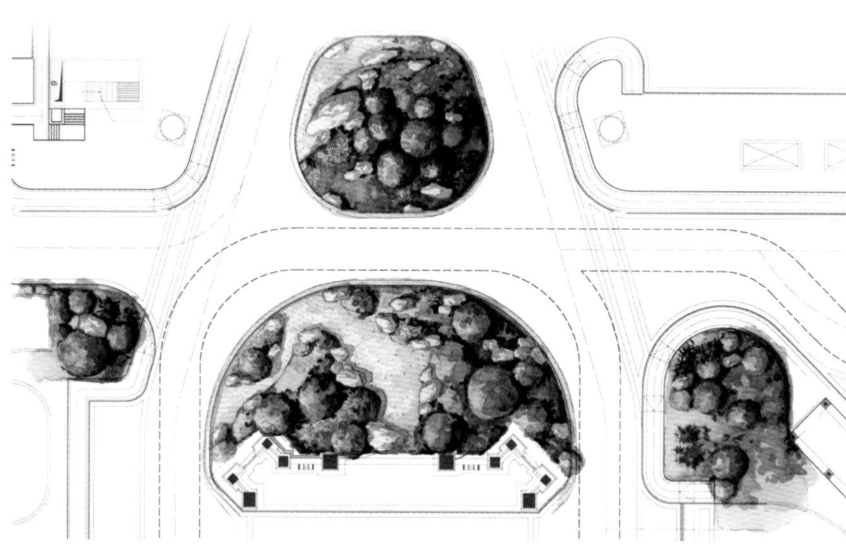

11

酒店入口罗汉松岛设计效果图，罗汉松发挥着障景作用，藏露虚实有致，无不使视线指向大堂的入口

12

酒店入口罗汉松岛设计平面图

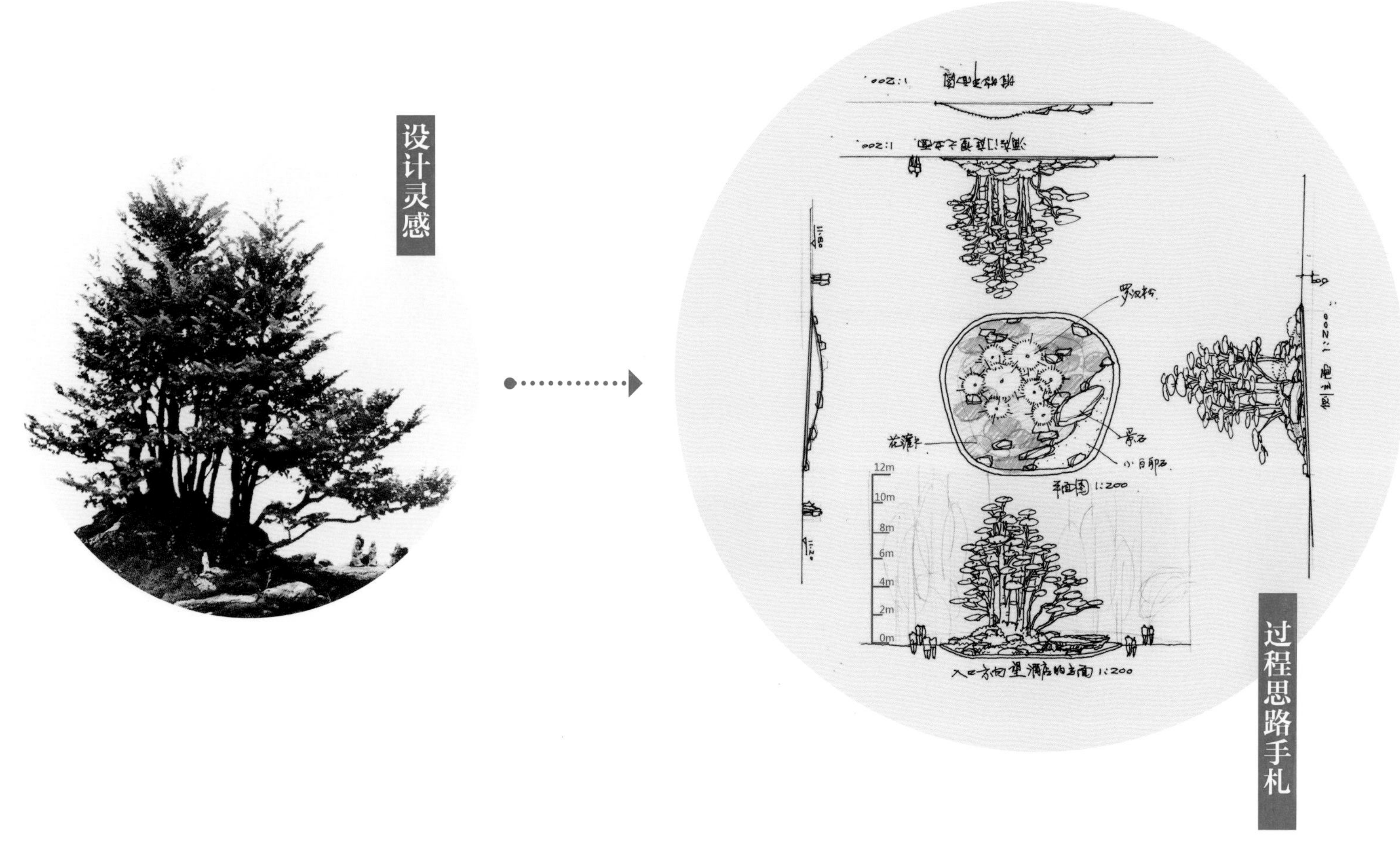

盆景被称为“活的山水”，与园林同源。以盆景作为设计灵感，结合山有四面观的特点，在酒店入口建造一个罗汉松组景，既起到障景的作用，又与前面的景观形成一个整体，是空间的过渡与转换。按照画论“列植之状，则若伸臂布指”，结合景石体现“石无树则无庇，树无石而无依”种植，最大的罗汉松利用中间的高地势奠定宗老位置，竖向视线伸展，两边配置大小相近、简练造型罗汉松，一边竖向一边横向生长，左右均衡中有对比，整体通畅舒展，气韵流动。

13 14 15 16

效果·手绘

13 罗汉松的布局经营设计借鉴自盆景文化

14 在进行罗汉松的设计时，设计者同样运用了『山形面面观』掇山理法

15 绘制精美的效果图以保证细节推敲的清晰性、准确性

16 在继承自传统的系统设计思路指引下，罗汉松所成景致错落有致，气韵舒朗

17

大堂入口罗汉松岛实景，发挥着山水屏风的作用

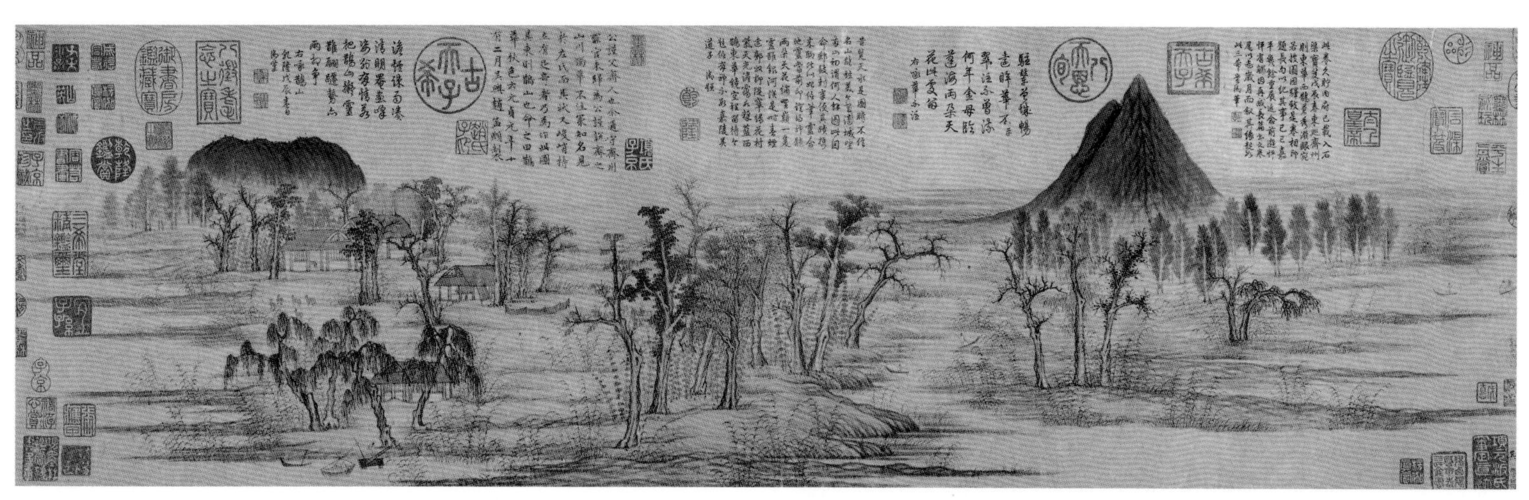

费汉源《山水画式》曰："如飞阁重楼，烟村野寺，多用古木以掩其半，不则不见幽深。"酒店前厅罗汉松组景依照荆浩《山水赋》所提"楼台树塞"的画理，以"遮挡建筑两翼或次要部分而显露其主要部分"的方式进行植物的位置经营，中间只种植草花，两侧两组造景自然对称，分别有几株高大的罗汉松起控制作用，再添盆景状低矮罗汉松辅佐，相互联系使得画面完整。侧立面单株或几株成组，自然形成透景线，加强景深，丰富了空间的层次。单株和几株配合，疏林屏障两翼罗汉松高低相间以实为主，中间部分仅配置草花以虚为主，酒店大堂弧形门框介于虚实之间，起到调节和过渡的作用，使得虚实之间有较好的联系，对比中有协调。随势经营，意境清远，景尽而意不绝。

同时因树丛不能"齐头"，即林冠线要高低起伏，故利用微地形改变同一树种经营气象变化不大的问题，使修剪得宜的罗汉松林冠线有了参差，画面上的远视天际线起伏变化，富有韵味。林丛茂密却参差有致，紧凑却不混乱，人工经营地势，树木随高就低。苍翠沉静的浓绿底下点缀烂漫鲜花，花卉具是岭南常见种类，龙船花、锦绣杜鹃、长春花、碧冬茄、芙蓉菊红黄相间，煞是热闹。冷暖两色，动静相济，于宁静无声的水墨中添抹亮丽，灵动婉转，松木如绿水微波，丽花似锦缎横渡。此外，位于酒店建筑前的罗汉松种植间距缩小形成密实的界面，选用分叉少的植株，同时杂植树干修长的樟树，整体气势挺拔向上，与建筑高耸的立面形成契合。

18 19 20

单株

几株成组

层次❶

层次❷

层次❸

层次❹

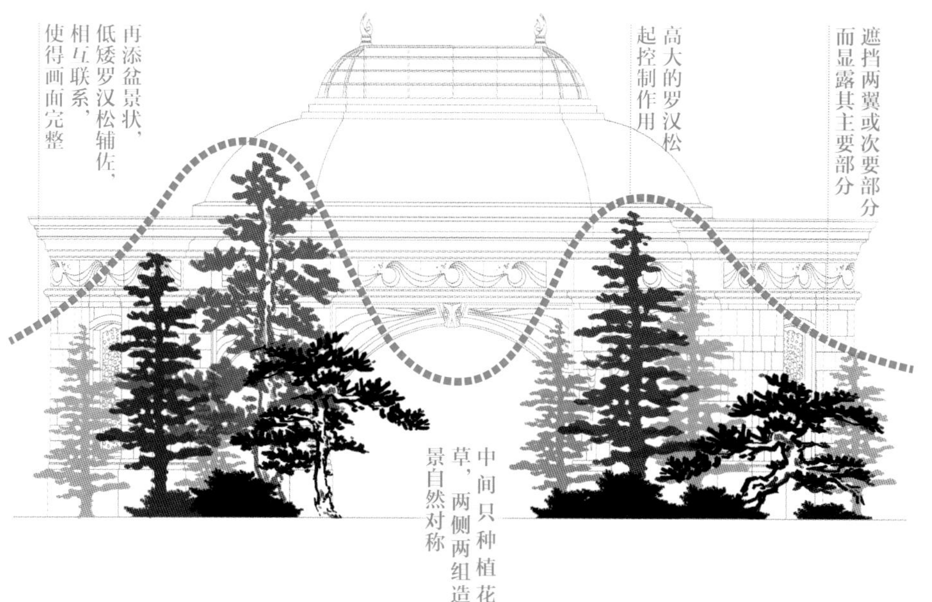

18 （元）赵孟頫 鹊华秋色图卷，可见其中画理与树木位置经营存在共同之处

19 罗汉松种植须有远近之分，突出空间层次

20 酒店大堂门前罗汉松种植设计示意，体现『楼台树塞』理法的操作要点

21 22 23

21
酒店大堂门前植物种植设计立面图

22
酒店大堂门前植物种植设计立面图

23
酒店大堂门前实景，罗汉松前后虚实得体，林冠线参差起伏，设计到施工一气呵成

24 | 25

24
酒店大堂向门外框景效果图

25
依照框景、远借之手法，罗汉松前景与山岭远景构成深远、丰富的图景

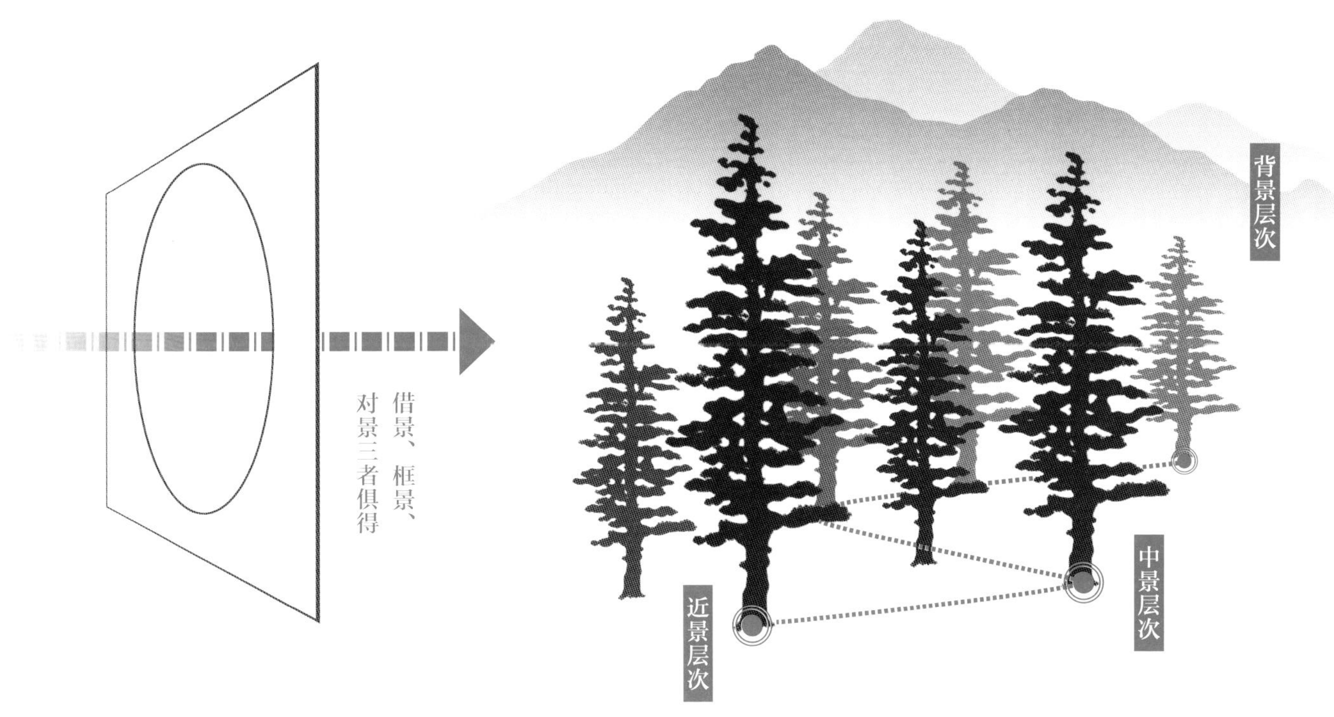

《园冶》说“巧于因借”，透过酒店大堂两柱间形成的框看罗汉松系列组景，把酒店外的景色引入酒店内，再次发挥了前面两重造景的作用，同时远处的青山作为背景丰富画面，兼有借景和框景两重意义。此外若加入上一段从外向里看，则是借景、框景、对景三者俱得。造园除了“巧于因借”，还追求“精在体宜”，建造者通过因借手法塑造了一幅幅图景建构如画入境的山水长卷，与建筑、乐园、远山、大海融为一体。

以罗汉松为主调树展开一幅浓纤相宜、清静悠远的泼墨山水长卷画，共分五段。一组高低起伏、参差配置的罗汉松作为长卷的开端引人入胜。从日本进口精选的罗汉松树姿苍逸健朗，随着人工营造的山势或耸而拔逸，或屈折而俯仰，或躬身而若揖，“横琴湾酒店”标志横亘在松林前。作为对景一组罗汉松造景与之呼应，相比却显得简单低调，几株罗汉松的秀奇与樟树的清润相得益彰。入口两组造景以“放——收”的植物姿态向人们暗示：沿着它所延伸的方向走下去，必定会有所发现。过了松林，第二段道路两侧加拿利海枣列植相迎，旷达疏远的气势冲淡第一段的幽邃神秘感，此刻的主要建筑物大体显露，只有底下部分半藏半露于山石林木间，欲说还休的姿态将人不知不觉引入长卷的高潮部分。也就是长卷第三段，

酒店主建筑前第一重障景，罗汉松紧密相连，树阴层层，以异军突起之势，横截画面，起伏有致的林缘隐现出后面楼宇，林下热带植物与景石散点分布，精致中流露野趣。原本高潮之后应该进入尾声，此时却笔锋一转，亦是一重“楼台树塞”，长卷第四段障景遮挡在主建筑前，只在两边点种和丛植结合配植罗汉松，主视线出大片镂空，酒店大堂隐约可见。此刻视线右转，进入长卷尾声，罗汉松从主建筑边缘延伸，随势经营，与樟树疏密相间，意境清远，结束全图，景尽而意不绝。

植物造景将画理与文化内涵巧妙结合，看似随意经营，处处皆成风景，只要选取适当的位置和视角，都将成就一幅优美的山水画。植物造景与酒店建筑浓厚的西方色彩原本是一组矛盾的存在，巧妙运用中国画长卷造景将游人一步步引入主体建筑，视觉上的过渡和情感上的缓冲将矛盾化为一场奇妙的旅行。山水长卷展现纯粹东方画意，也体现了岭南园林风格的继承性和创新性。

26 | 27 28

26 （明）文徵明 浒溪草堂图，层层绿荫，重重障景

27 旨在把画理运用设计其中，远近虚实，经营有序

28 酒店大门前园路实景，两侧景物层层叠嶂，营造出曲径通幽之意韵

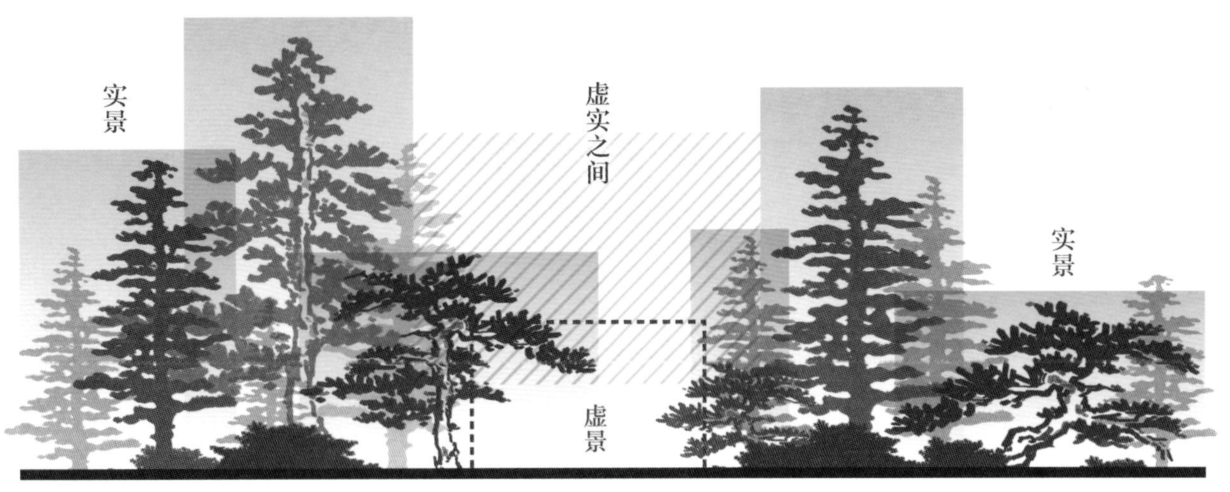
实景
虚实之间
实景
虚景

景有界，意不绝——案例二，海洋王国罗汉松山景观设计

1 乐园内罗汉松岛实景，花木土石之经营，无不依据画理之要点，方能营造此景难尽而意不绝的山水长卷

《芥子园画谱》：“天有云霞，烂然成锦，此天之设色也；地生草树，斐然有章，此地之设色也。”天地之间，自然设色随意斑斓，而以色彩取胜的植物景境，亦是园林中的主调。罗汉松、黑松四季常青，长盛不衰的基本景色、苍翠沉静的浓绿底下点缀烂漫鲜花，冷暖两色，动静相济，于宁静无声的水墨中添抹亮丽，灵动婉转，松木如绿水微波，丽花似锦缎横渡。林木配置时，不同的生长环境应选取对应树木，土山高处植长松，水边溪畔植柳树，根据地形趋势种植相应树种，旨在展现其总体气象，随势而动，而不露雕琢的痕迹。海洋王国罗汉松主景山的植物造景中大多运用丛植，这种情况下需要突出组群生长动势，先处理最大的松树，称之为宗老，宗老已定再处理次要的，这样可以突出竖向上的气势。可以借由地形强调长势，高者挺拔，低者俯首，高低错落，连绵起伏。至于横向伸展，一边长些另一边就要短些，切忌两边平分秋色，左右也不能太烦琐，否则整体会显得堵塞不舒展。主要还是抓住林木本身的姿态形势，结合地形使其气韵生动。

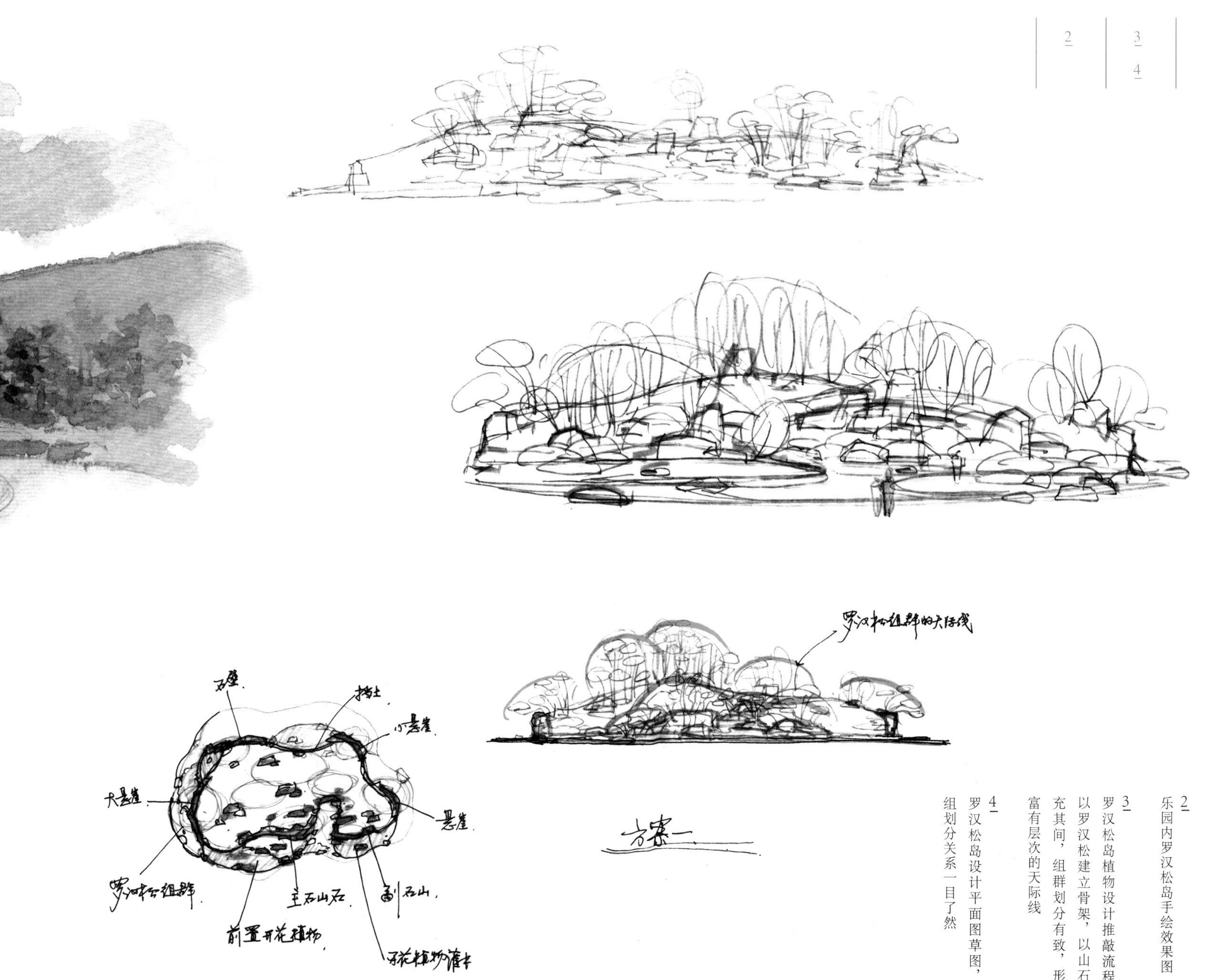

2 乐园内罗汉松岛手绘效果图

3 罗汉松岛植物设计推敲流程，以罗汉松建立骨架，以山石填充其间，组群划分有致，形成富有层次的天际线

4 罗汉松岛设计平面图草图，群组划分关系一目了然

5 罗汉松岛的设计同样依循『山形四面观』的理法，确保观者环绕游览时皆能获得富有层次的景观体验

6 罗汉松岛设计手绘效果图

7 | 8

7
罗汉松岛上花溪设计实景

8
花溪设计手绘效果图，苍翠欲滴的罗汉松与斑斓的鲜花相结合，营造强烈的色彩对比

“惟是于浓岚积翠之间，以朱色而浅深之，大山腰横抹朱绿，傍达于后。平远林莽，烟云缥缈，一带之上，朱绿相异色，而轻重隐没相得”，罗汉松、黑松造景显得苍翠沉静，茶梅点缀，以绿色为主，红色为辅，白石散置其间，适当比例的冷暖色协调统一，整组造景更显活泼。前景两端以实为主，中部花溪以虚为主，虚中有实，对比明显又能协调统一，并且借地势经营植物，中部体现假山平远，背景忽而丛林密实，舒缓中融入紧张。

整体叙事逻辑关系到观赏者对观赏对象整体结构、布局、内容的认识。乐园入口造景以罗汉松岛为整体，由六个相互联系的“子序列”并联，黑松密林将岛划分东西两带，形成一个完整的布局。王国乐园入口的造景以山水画长卷式展开，铺排舒展，气象恢弘。整组造景在一座人工堆叠的假山上进行，四周前中景罗汉松苦心经营，茶梅穿插其间稍作点缀，青花石和湖石依据地形、树势布置，黑松挺拔生长，作密林种植形成浓绿的背景层，静谧中显沉稳大气。展开式长卷造景成为乐园入口第一道亮点，一入园仿若进入画中。《园冶》提道：“片山有致，寸石生情”，讲的是园林中的山石是对自然山石的艺术临摹，故又称之为“假山”，它不仅师法于自然，而且又凝结着造园家的艺术创造。罗汉松覆盖的假山为求山水画意境和传统园林精髓，山石布置强调顺应地势，植物随山石动势而造型，忌整齐而求自然，气韵生动，成为山石的一部分。大面积群植与山石造景配置得当可以营造气势恢弘的场景，而两三株植物与山石组合，亦可以利用其本身姿态，加以人工的修剪，沿山石的气势伸展，体现其韵律美。虚实相互对立又相辅相成，只有虚实相互穿插，虚中有实，实中带虚才能达到和谐统一。罗汉松岛立面片段，背景为黑松林丛，以实为主，中景和近景散植低矮山石，大空间留白，以虚为主，虚中有实（山石与灌木球），颇有平远景象。

利用大块山石遮挡林木，若是站在山石脚下观赏，透过山石边缘看到片植的林群树梢，会因为比例关系感觉空间变得狭小，眼前展现木秀于林的景象。虚实造景的运用丰富空间层次变化，加强景深，通过枝叶扶疏的网络看某一景物，既有遮挡又有显露，使之意境深远。罗汉松为实，枝干伸出形成框景为虚。视线穿过一重层次，使框景内的景象意深境远。

9 10 11 | 12 13

9 10 11 12 13 罗汉松岛现场设计推敲流程，选种定位，随物赋形，在现场往往需要二次设计，皆需要设计者对山石植物等材料具有良好的把控能力

14 15
16 17
18 19
20 21

罗汉松岛北部山石和林木都相当密集，林木群植缩小株间距离，变化节奏快，给人丛林密实的感觉。西部片段，疏密结合，特别是前半部分，稀疏轻快，形成的节奏缓慢，给人感觉轻松、生动，达到气韵流动，背景层黑松林群前后经营不作列植，密实却不呆板，密处留有空隙得以透风，与前半部分协调统一。大面积群植与山石造景配置得当可以营造气势恢弘的场景，而两三株植物与山石组合，亦可以利用其本身姿态，加以人工的修剪，沿山石的气势伸展，体现其韵律美。堆山叠石，奠定地势，随势配置林木，地势高处种植树形挺拔的黑松，确定宾主之位，以最高处向两边逐渐选择较低矮黑松种植，次定远近之形，丛植的黑松林间穿凿景物，作高低起伏状。利用空间的渗透也可借丰富的层次变化而加强景的深远感。比如酒店入口罗汉松挡景，因有这一层次的加入使得酒店有了距离感。通过渗透和层次变化丰富造景空间，克服景观的单调，多层次配植。背景树一般宜高于前景树，与前景有较大色调和色度上的差异，加强衬托效果。植物高低大小的配植突出层次感以及分隔之后使之有适当联系，从而使几个空间相互关联，这样才能显现出造景的层次变化。山水画画论：“二株一丛，必一俯一仰，一欹一直，一向左一向右，一有根一无根，一平头一锐头”，“三株一丛则二株宜近，一株宜远，以示别也。近者宜曲而俯，远者宜直而仰”，“四树一丛添叶式，此四树一丛，三树相近，一树稍远”。

14 15 16 17 孤赏石布置推敲流程，可视化的现场设计手段有助于设计师与施工人员的交流，及对现场设计效果的控制

18 19 20 21 群组石及其周边植物推敲流程，主次远近，设计者了然于胸

步移景异
境随心转

移步于场地之中，景物画面接连转换，面对动人画面游人定触景生情，对“境”的感知也随着心境而转换。

Changes Its Aspects at Every Turns，Landscape Changes Along With Heart Transform

沈复在《浮生六记》中曾论及造园艺术“大中见小，小中见大，虚中有实，实中有虚，或藏或露，或浅或深，不仅在周回曲折四字也”。这段话中提到的虚实主要指一种手法，而且这种手法与疏与密、藏与露、浅与深都是相互联系的。虚实关系可以体现在空间关系上，所谓虚，也可以说是空；所谓实，就是实在、质实。林木组织得疏一些就显得空，林木组织得密一些就显得实，为了求得对比，通常应避免虚实各半、平分秋色，而力求使其一方居主导地位，另一方居从属地位。虚实穿插才使得整组造景疏密有致，在笪重光《画荃》提道：“密林蓊翳，尤喜交柯。密叶偶间枯槎，顿添生致”。

1

1 罗汉松岛的设计同样依循『山形四面观』的理法，确保观者环绕游览时皆能获得富有层次的景观体验。

造景的整体结构和布局的全局性，以多空间、多视点和连续性变化的特点展现。不单考虑某些固定点的静观效果，也从行进的过程中将景点连贯成为完整的空间序列。对于不同的造景分析得出，有些以起承转合的形式表达叙事逻辑，有些以局部—整体的形式表达主要内容。或密林成片，或稀疏点缀，或烘托建筑，或独立于旷野，或出类拔萃于绿丛，它们相互联络，互通气息，互相呼应，又使整个园林浑然一体，呈现一派苍古翠绿景色，处处传画情，面面具画意。

3

2 4

2 近树拔高，营造夹景之势，造深远之感

3 苍翠的罗汉松与远山相组合，运用远借之手法，使得视线延伸极远

4 散置于园内的罗汉松组景，无不尽可能营造远近有序的景观效果

王维《山水论》有云：“丈山尺树，寸马分人”，这里的尺寸不是严格数字，而是指相对尺度关系之经营。在狭小的空间内营造山林景观，既要顾到实物原来的大小，又要顾及远近比例。通过远山低排，近树拔高的方法，使处于在小空间的人视野被极度地压缩，产生沉闷、压抑的感觉，但当走到了尽头进入另外一个场景时，又会产生豁然开朗之感。利用林木、山石与空间组合的处理，可以刻意强调，甚至引导游人产生特定的情感。花木配植要注意纵向的立体轮廓线和空间交换，做到高低搭配，有起有伏，产生节奏韵律，避免布局呆板。起伏是借高低错落的外轮廓线来表现的，除了植物疏密相间外，还有赖于交替改变主要树木生长趋势，树丛不能“齐头”，也可利用地形改变同一树种经营气象变化不大的问题，使修剪得宜的松林冠线有了参差，画面上的天际线起伏变化，富有韵味。

5 罗汉松组景一角

6 各组与周边协调一致，构成气势恢弘的群组景象

7 组内应主客分明，顾盼呼应，高低起伏之势态蕴涵其中

花木造景位置之经营有组内植株经营与组团经营。组内应主客分明，顾盼呼应，忌讳对称形象，花木间宜呈主、客、配的和谐构图，高低错落，前后穿插，疏密有致，切忌齐头排列。对于林木组合与位置经营，黄公望《写山水诀》有论述：“大概树要填空，小树大树，一偃一仰，向背浓淡，各不可相犯，繁处间疏处，须要得中。”这一论述不仅体现画面美观的需要，也符合树木生长对环境的要求。对于植物之间的搭配要做到“先立宾主之位，次定远近之形，然后穿凿景物，摆布高低。”画理中关于植物经营提到要“正标侧抄，势以能透而生，叶底花间，景以善漏为豁”，位于视景中心的要使其更加突出，成为“标的”，与之相生的要疏朗，才能气韵流动。大面积群植与山石造景配置得当可以营造气势恢宏的场景，而两三株植物与山石组合，亦可以利用其本身姿态，加以人工的修剪，沿山石的气势伸展，体现其韵律美。

Part Four

远观其势，近观其形。欣赏者以细微的视角赏析罗汉松景观的韵味，或赏其形，或品其意，或得其趣，情境交融，景境共生。景是观赏对象，而境则是人对景物的感受。山有山意，水有水情，一花一木，一草一石，如同立言文章之词语，各有意蕴。造园重在立意，园林作为人的外化，物化的园林空间容纳形骸，心斋的意境激发情思，从而在有限的物理空间中创造无限的精神境域。

雅玩得真赏

Design and Analysis of Hotel Entrance

—

1 烟云氤氲，云雾缭绕，自前山而窥后山

2 修条拂层汉，密叶障天浔，西斜的阳光为群松披上金黄的外衣

3 4 | 5

3 独有南涧松，不叹东流水

4 景翳翳以将入，抚孤松而盘桓

5 青松白石，素雅简洁，透露出禅意

6 | 7 8

6
修剪之后，罗汉松叶如层层华盖，聚散虚空，有腾云之势

7
片石玲珑细润，松针尤可爱

8
片云朝出岫，涧中紫烟蒸腾

9 10 11

9 黄徽奇观松石云

10 朱门青松树，万叶承清露

11 纤细松针摇曳生姿，与景石玲珑纹理相映成趣，苔驳锦纹疏

12 松姿多妩媚，石状离奇色明洁

13 云移莲势出，罗汉松亦有云势，姿态各异的罗汉松在园内各司其位，得到充分的应用

12	13

Part Five

珠海长隆海洋王国的景观营造作为设计、施工一体化的项目，建造者能够依据现场施工条件的变化适时调整规划设计方案，所提措施保证能够在施工中落地，这是普邦园林一体化组织项目建造的经典案例之一。在继承岭南传统营造的基础上，结合新的施工技术手法，能够准确把握罗汉松的苗木特性，依照传统山水画意营建出具有新岭南风格的旅游度假景区的园林环境。

SUNWARD

与苏志刚先生的访谈

Interview with Mr. Su Zhigang

苏志刚先生——广东长隆集团有限公司董事长，杰出的民营企业家。现任全国工商联副主席、全国政协委员、广东省海外联谊会副会长、广东省粤港澳合作促进会副会长。

Q ——编者；A —— 苏志刚先生

Q：《园冶》兴造论提到“三分设计、七分主人”，所谓主人指的是主事之人，既包括投资人，也包括项目总设计师，作为投资人的您在珠海长隆的项目建设中起到非常重要的作用，请您谈谈在项目建设之初是如何设想珠海长隆的园林景观的？

A：首先，我们要做的是世界级的主题乐园，要有足够的规模和气派，用最好的材料营造最好的园林景观，但并不是一味地追求最大的规模、最大的气派，重要的是要做出我们自己的民族旅游品牌，具有我们自己的民族特点，不能直接把西方的主题乐园的模式和建造方式拿来用。我们中国人有我们中国人自己的山水情怀，是在大自然山水中体验、游乐、寄托感情、放松身心，所谓游山玩水就是这个样子，在西方的主题乐园中没有游山玩水这种概念，但同时，西方主题游乐园的国际标准又很重要，因为我们不仅要做出自己的民族品牌的游乐园，还要做到输出，要在国际上获得认可，要有国际影响力，那么在这个项目里把这种我们岭南本土的、中国特有的、诗情画意的、审美体验的园林建造和西方的主题游乐场规划标准糅合在一起，这样的游乐场是最初的构想。

另外，我们一直很强调游客体验，这就要求不仅仅是要做到好看而已，比如在岭南传统造园里，就是游园过程中体验很好，它并不是一幅画让人看的，而是可以走进去，去游。游，才是我们主题乐园要做的重心。我们的“可游”的主题乐园的造景就不同于西方游乐园中画面式的布景，尤其是在植物造景的设计上，更会突出这一点，我们要做到游观的体验。在跟普邦的合作上，就是需要把这种游观的体验做出来，在设计过程中体验，在体验中观察哪些需要调整，就是边设计边施工，在现场作设计的修改调整，然后再施工完成。在这方面可以不计较成本，一定要做到最好、最合适的设计，给游客一个良好的体验空间，同时，

1 苏志刚先生与普邦总设计黄庆和先生施工现场进行设计修改调整

2 苏志刚先生在普邦总设计师和双方工程负责人陪同下，视察工程进展

这样的建造过程也只能由普邦这样设计施工一体化的，具有匠人精神的团队来进行才能成功。在园林景观设计建造中还要注重声、光、电等技术的搭配运用，我们主题乐园的中心是游乐，要做到有趣、好玩，比如现在建好的入口罗汉松组景，配合利用射树灯，在晚上就能营造出树形与树影斑驳错落的景观，不会让人感到进入了荒野山林，通过灯光的引导，走进明亮、恢弘的酒店大堂，就是一条很舒服的回家的路，灯光的照射、夜空中的星光、远处的山峰相互辉映，又会很有趣，又会很新奇，有山林居住的意味，又有回家的感觉，打造出来的效果是很好的。

Q：如画般的罗汉松景观是珠海长隆最为引人注目的景物，尤其是横琴湾酒店和海洋王国的罗汉松景观，它不单起到空间遮挡的作用，也与周边环境紧密联系在一起，您提出罗汉松山“挡中”设想时是基于什么样的角度考虑问题的？又为什么会选择罗汉松作为主要的造园要素之一？

A：“挡中”的设想，“挡中”设计的这组罗汉松景致是起到一个过渡的作用，如果没有这组景致，入口这里就变得非常直白，我们做了这样一个东西，那游客一进来的时候就会多一个体验，而且游客从里往外走出去的时候也不会说空落落的，没有围合遮挡，这样一来就有居住在家里的感觉。它在这里有点像一组屏风、像一面影壁，也有点放一个竹帘隐约遮挡一下的意思，有了它，就不会说把游客暴露出来，游客成了被观赏的对象，而是游客在里面看外面，看的时候还有一个画框的作用，把外面远处的景色引进来，同时，游客一进来的时候，在外边看里边，它就像屏风、影壁一样，是一组景致，跟远处的山体风光、近处的海水景色融合到一块，也很好看。

再说为什么选择罗汉松作为主要的造园要素，首先，据我观察，罗汉松在沿海地区长势很好，不会有植物生长上的问题，再从树形上看，罗汉松苍劲挺拔，有曲折俯仰、伸展错落的姿态，塑型效果非常好，配合地形处理、山石搭配可以让人有诗情画意的感受和山林游玩的体验。当然除罗汉松之外也有别的植物可以打造这样的景观效果，比如罗汉松与小叶榕都是在盆景制作中常用的植物素材，都用以营造山林景色，小叶榕是广东沿海一带的本土植物，但长势迅速，放在盆景中，小的尺度下是没有问题，但是如果放在可以实地游览的、真山真水的大尺度下，就会变得难控制，难管理，整体形态很容易变得粗野起来，就会失去游乐的意味，选用罗汉松就没有这个问题，罗汉松长势缓慢，在造型上就很容易打理，不会因为长势的问题而丢失掉已经设计好的景观效果，可以长久地保持下去。

整个罗汉松景观的营造是从取势出发，将远处的山峦，近处的海面，还有酒店建筑等要素融合在一块，从走势上看，气脉从山上一直延伸到海边，很完整、圆融、顺畅，有一气呵成的感觉，无论从规模还

3
海洋王国罗汉松山初步成型

4
总设计师黄庆和先生现场指挥吊装乐园罗汉松山超大型石块

是气派都能够达到预初设想的效果。罗汉松的景观跟主题游乐园的搭配更是一种雅俗共赏的状态，罗汉松景观在这里营造出了山林的意蕴，行走游览过程中，从开始的遥望远山，到进入这组罗汉松景观，就像是展开了一幅山水图卷一样，把游客的感受吸引进来，这样秀美的景色可以很直接地打动人心，让人发自内心的赞美。同时在设计建造中，盆景设计中的“移天缩地”也在其中体现出来，在某种程度上甚至可以将珠海长隆看作是一组超大型的罗汉松的盆景花园，盆景的景色从来都是古代文人对名山大川的臆想构造，更是文人心中的桃花源，这与我们主题乐园的思想不谋而合，我们建造的就是当代的、游乐的、雅俗共赏的桃花源，不但可以看，更可以走进来，在其中流连忘返。

Q：珠海长隆作为一个世界级的主题乐园，给人的感受是非常中国又非常本土，这样的定位是基于什么样的考虑?

A：我们要做的是世界级的主题乐园，是从做出我们自己的民族品牌考虑的，如果跟着别人走是没有出路的，你做什么都跟人家一样，东西都是别人的，那是别人的文化，我们跟着走是比不过人家的。我们一定得有自己的东西才行，你一提我们做的东西，让人说是山寨品牌，是不行的，山寨品牌就是跟在别人屁股后面，人们不会记住你这山寨的品牌，提到你首先就是想到你模仿的谁，还会在心里比较，会贬低你，你这个仿的想当然不如本来的好，所以呢，我们要做的一定是中国的、本土的主题游乐园，别人好的东西，我们吸收过来，为我所用，我们自己的东西是根本，是民族品牌的体现，就更要做好，做细致、做扎实。整体来看，要有兼收并蓄、务实求新的态度和的追求，才能做出我们的民族特点，做好我们的民族品牌。

其实在我们长隆所在的岭南地区，岭南文化的发展一直是这样兼收并蓄的，岭南地区最早是作为通商口岸发展起来，与海外关系极为密切，海外文化的传播在岭南有很大的地域优势，我们一直都站在对外交流的前沿，但在受到外来文化影响的同时，并没有丢掉我们的根，简单讲就是"洋为中用"，我们看清代、民国保留下来的建筑、园林，包括其他各个方面，都能看到海外文化的影响，但拿过来用又很得体，不会说感觉不合适，因为我们是基于实事求是的态度的去吸收、去运用的。岭南文化除了兼收并蓄，也很有自己的风格，跟其他地域比起来，有别于齐鲁文化的儒雅风流、三晋文化的粗犷豪放、吴越文化的灵动温婉，岭南文化呈现出精美、细致、灵巧的特点，这是岭南人务实的表现和追求，我们做珠海长隆就是基于这样的理念，我们面对的游客群众也是认可这种文化的。

Q：长隆开发的主题乐园已逐渐形成自己的特色，对于建构中国式主题乐园您有什么的想法？对中国式主题乐园的园林景观您又有什么样的建议？

A：就像上个问题提到的，我们一定要有自己的东西，同时也不排斥外来的东西。对于中国式主题乐园这个问题，我们是在向建造中国式主题乐园这个方向靠拢的，还是从我们长隆开发主题乐园的过程来讲一些经验。

建构过程中，因地制宜是很重要的一方面，我们吸收西方游乐园的规划，要根据我们的现实状况来吸收，中国的游客群体跟西方游乐场的游客群体并不一样，追求的游乐体验也并不一样，而且更重要的是中国的现状也有很多不一样，比如节假日的人流会暴增，如果不考虑节假日高峰人流的游客体验，是不现实的，我们要应对这些现状做出调整，我们在游乐园把动物驯养的每样一只的展览改成一群的展览，形成动物种群以后，就不会出现在节假日的时候，游人过多不知道是人看动物，还是动物在看人的尴尬状况，游客的体验就好很多，这就是根据我们中国的国情、现实状况所做出的改变和调整，就是因地制宜的运用。

另外，我们珠海长隆的建造速度很快，在国外是不可能这么短时间内做那么大的主题乐园，并非按部就班的进度安排，为了具有这样快的速度，我们在很早就做好了相关准备，用于主要造景的罗汉松树种都是提前准备好的，罗汉松配景用的山石也都做好了收集，游乐园的动物，都已经提前在当地驯化、饲养了很久，就是为了在短时间内建设起来，并且建设过程中是跟各方面的精英相互合作，遇到专业的问题各方面讨论解决，在做事上相依互补、和谐共生才能做好。

最后，就是要充分利用本土资源，建造过程中本土性、民族特点的表现更是要充分利用好本土的资源，我们要打造的是世界级的主题乐园环境，在设计中充分利用中国传统园林文化和传统山水画的诗情画意，并与西方主题乐园的概念和模式结合在一起。本土资源不只是本土文化，在建造团队和材料上，我们本土也有很优秀的园林建造团队，本土的资源具备运输的便利、交流的便利、合作的便利，这些便利不仅仅是成本上的节约，更是一种相互融合，是相互依存、共生共荣的状态。我们合作双方是处于本土文化下的同一个圈子里，相互合作下是基于互利共赢的方向去做事的，这样的合作下我们双方都会越发展越壮大，是长久发展的合作状态。

5 6 海洋王国施工及吊装现场

景观营造思路——黄庆和先生访谈录

An Interview With Mr.Huang Which About The Landscape Construction Thinking

对话

黄庆和先生——普邦园林副董事长，企业技术负责人、总设计师

Q —— 编者；A —— 黄庆和先生

Q：来到珠海横琴长隆国际海洋度假区，一个很明显的感觉就是这是一个世界级的主题乐园，但给人的景观感受却非常中国，非常本土，而这种感觉主要是由乐园的园林景观部分所营造出来的。

A：对的，我们接到的任务就是为国内最有代表性的民族旅游品牌——长隆集团打造世界级的主题乐园环境，要做出自己的民族特点，本土性自然是我们这次设计的重中之重。我们为了达到本土性的体现，很多造景意象都是源自于中国传统园林文化和传统中国山水画的诗情画意，特别是在空间植物造型上。同时我们加入了一种时代感的元素，比如，色彩，声光电的配合、与当代生活需求的结合等。在传承的过程中，怎么样用这些手法，结合我们的使用功能，将它融入景观，这是一种创新。我们有一些比较新奇的园林植物，例如从澳洲引进来的宝瓶树，甚至是欧洲希腊引进来的橄榄、澳洲的加拿利海枣，这些舶来的园林素材虽然代表着异域风情，但是空间造型的手法主要还是传承岭南园林的精髓，同照搬西方的主题乐园的做法是两码事，是有别于西方的。也就是说，虽然主题乐园的概念和模式是沿着西方的路走过来的，但是我们在珠海长隆项目中也做到了我们本身所拥有的中国文化特色，特别是在园林造景空间上有我们自己文化传承的那种创新。这里举几个例子，包括有罗汉松山的营造；包括有餐厅前面的休闲空间的营造；包括我们现在主题乐园里面的景观营造。类似这些营造，我们的细部做法，是通过一些实例，甚至是在做的过程，对空间的那种嬗变的推敲，一层一层地推进出去的。

Q：您提到罗汉松景观，一进到珠海横琴长隆国际海洋度假区就被它标志性的罗汉松景观所吸引，感觉从景观营造层面而言，这是长隆横琴项目与迪士尼等主题乐园相比最大的特点，能否请您谈谈在珠海长隆项目中是如何应用罗汉松来组织主题造景的。

A：关于罗汉松的运用并不单纯在一个地方，它构成了长隆乐园的整条气脉，从山上的主题乐园一直延伸到海边，这如同中国山水的脉，是一脉贯通的。虽然并不是整条景观河都有罗汉松这种意境，但是每个节点的造景意象都有这条脉在延续，也不单纯是一种延续，而是将现代的东西结合起来延续。

可以分重点段来详细聊聊这条罗汉松构成的气脉。例如罗汉松山，由于它是360°在走动过程中（欣赏的），它的视点的变化其实是一个明显的移步异景的景观做法。这不只是一个大型的配景，更像一个重造大自然山景的立体山水画。它要和周边吻合，所以在罗汉松山的旁边前后要有几幅图和它呼应。我们会移出一两块逐渐地过渡到其他的植物景观。所以在这个里面，其实是整个大自然景观的焦点，但是它是又延伸出去的，和它是混为一体的。所以我们在这里安排的前后景是相呼应的，慢慢去过渡的，它只是把焦点浓缩到在这里。那么从我们这个造型的山水，包括我们所谓的风水角度来说，这个“挡中”，这个风景屏风，怎样在我们景观视野中突出它更加丰富和有趣，在空间构思这个点起到焦点作用。除了主题，这个就是我们造景的焦点，也是一个标志性的重点。我们走到哪个位置，只要看到那座山，我们就知道门口在哪里，找到方向。它起到这样的作用。所以变成了它不单只是一个景观，在空间上也是起到路线的参照物的标杆作用。所以，这个就是我们这次造园的非常大的特点。

又比如说在酒店入口的景观营造，气脉的感觉也是很明显的。我们在塑造地形时考虑的是地形如何依托着酒店和后面的山呼应。从酒店望出去时，酒店景观和远山连在一起，将山的气息一路引到大堂入口。从正面看，酒店则成为山的主体。而国人喜爱的寓意吉祥的罗汉松造景则成为联系酒店和马戏广场的主题造景。当游人走过时，仿佛融入这一幅流动的、有生命的传统中国山水画。在如画的这样一个世外桃源里面坐落着一间如此漂亮的世界级主题酒店。如果简单地做一个普通树林，是突出不了中国画的山水格局的，所以才会使用罗汉松作为主景植物串联起整个景观序列。因为罗汉松的如画造型和中国山水画的意象是很吻合的。树木的造型和我们传统中国美术的审美是一脉相承的，是一种传承，也是一种创作。然后在罗汉松主导的景观序列中，通过插入亚热带的地域性植物，作为一种导向性将游人引入到酒店大堂，在大堂门口的罗汉松岛和里面大堂的两侧，再用传统山水画的手法再创一个高潮。之前先展现一幅山水画，再进到里面，又是另一个置身山水画里面的景观。整个空间其实是通过亚热带本土植物将这些连在一起。既有我们本土植物的特点，也有我们之前讲的传统山水画的意境。我觉得除了吉祥如意的寓意以外，更多是以传统中国山水理念的入画入景的手法去营造这种景观。不是为了显示有钱去种罗汉松，而是为了达到这种传统意境，所以选择罗汉松。

如果从选择来讲，这种亚热带主题酒店，有多种造景方式，比如用水景、棕榈树等等，但我们选用罗汉松来串联整个空间造景，既保持了海景主题酒店的特色，也体现了我们原先所想表现的岭南传统造园特色。当我们在酒店大堂遥望海边的时候我们会发现罗汉松景观序列是一条脉络延伸到海边的。就算是从大陆望出去看到海景的时候，都可以继续找到我们这种手法的延续。罗汉松的景观序列甚至是一直延续到海边，延续到天边，是这样子的一种延伸的趋势。所以，我觉得甲方很认同我们的想法，他需要的效果正好是我所做的效果，我就是想营造一种一条“龙气”从头到尾一路不断延伸，甚至延伸到无限的这样一种意境的感觉。所以它整条“气脉”是从头到尾一路延伸直到连接天边的，是一个如这般宏大的格局。

Q：为什么罗汉松会成为景观组成的主要元素呢?

A： 至于为什么要以罗汉松为主呢?刚刚我也说到，因为这个是我们得出来的手法，要将我们中国山水画和传统园林的氛围，在画面上能够得到更充分的展现，能够让大家知道原来这种东西能够传承，甚至延伸到我们现代的亚热带中国园林中，并得到创新。所以你会看到，从水边一直延伸到草坡的罗汉松和它后面的棕榈植物，乃至到海边的海景，它们的融合程度真的是非常高的，呈现出来的景致非常漂亮，那这一点我觉得就是我们自己的一种创新。这种创新就是基于中国传统园林审美的一种关于传承和创新的很典型的手法。而别人不是这样做的，并且这也是他们所做不到的。别人就算想做，也找不到那么多罗汉松做那么大规模的作品。

其实，我们为了再进一步将我们这种理念付诸实施，我们是用了罗汉松这样的材料去将传统中国山水画中的“画意”贯穿到我们整个景观的每一部分。包括在景观河每一个重要的节点，我们都会有体现画意的造景，借此将这样传统的意境延续下来。这些元素不是西方的东西，它们是同我们传统的自然观和传统画意的内容一脉相传的。这个就是属于我们中国的世界级主题乐园的精髓，同其他人做的项目不同。你不要说我是抄迪士尼的，也不要说我是抄袭某某的，我是有我自己的特点的。在日本，虽然也有罗汉松，但它不是像我们这样子的用法，它有它日本式的盆景式的用法，而我们有我们中国山水长卷式的用法。我们的景观内容都有经典山水画的出处，因为我之前在学美术的时候，就是画山水画出身的。你也知道，我之前对盆景这方面一直有研究，也做了很多关于这方面的工作，而这些积累都在长隆这件作品中有所体现。

Q：这个项目可以说是您那么多年积累的厚积薄发。

A：对的，包括我学建筑设计的这么多年，其实骨子里受的教育都是传统文化的底蕴。当年教我们的几位教授，包括刘管平、赵伯仁等全部都是岭南园林的代表性人物，我的几个导师都是这样的人物，所以我们是将他们当年所传授的传统造景观念付诸了实现并进行创新，是这样子来的。

Q：您一直非常强调“传承和创新”是珠海长隆项目的重要定位。

A：对的，这是我们的特点，我们必须要将我们的特点说出来。这不是表示我们在炫耀说因为长隆集团有钱，所以我们用那么多的罗汉松，而是为了实现我们所说的传统中国画的画意，我们用了罗汉松这种素材，而这一点是其他人很难做到的。如此才能创作出专属于中国本土的世界级主题乐园景观。

有一条主脉来串联这些景观内容，就可以体现我们自己的特点，而不会显得松散，并且也有震撼力。光是那几个场景，那几幅这样的东西，大到一个如宽银幕那样尺度的景观，小到每一个节点的树石配置或是一条小桥的配置，其实我们都做得很精彩，有很多细节的东西可以看，那么你这件作品就可以出彩了。只是我们用画意来将它们串联起来。在对画意的表现中，我们不是只是单一地只有将罗汉松修剪得具有画意这种方式，我们还通过将能展现我们岭南的植物多样性的不同的开花植物，不同色彩的植物摆放在一起，来使传统画意富有时代感和现代感。这个就是将传统进行传承，创新和发扬光大的一个现代的做法。在传统的中国画里，画意只有一个骨架，它的细节做不到这么细致。它表现的细节只是画几株兰花、几枝梅花，它没有像我们现代的百花齐放那么缤纷、那么现代、能反映我们现代人快速的生活节奏的那种明快的色彩，那种欣欣向荣的东西，我们都可以在这里通过不同的植物、不同的色彩、不同的造型而使其得以充分地体现出来。这个就是在传统中国园林山水的理念的骨架下的一种延续和创新的做法。

那么当然，这个就需要不同的主题了，比如花香，有色彩，有业热带的植物，有开阔的草坪空间，也有图案模纹花坛等。比如兰花园酒店的兰花园就是一个可以从空中进行鸟瞰观赏的一个很漂亮的图案花园，但它不同于欧洲传统的模纹花坛。它的模纹图案是我们从棕榈科的植物框架之下抽取出来而建造起来的。而在它旁边呢又有罗汉松进行缓缓地过渡呼应。它们是既有互相穿插，又有互相交融的。

那么去到景观河这一段呢，除了与自然的运河景观相连接，我们还赋予了一些同动物主题互动的形式。游人通过坐船游览，即可亲历传统中国画步移景易的山水长卷，同时可以在这个过程中感受到岭南的植物配置特色。景观河将我们岭南的植物多样性，气候特征，色、香、味不同的植物形态景观用线的形式串了起来，其中也包括我们传统岭南水乡的特点，例如果树、果林，还有很多亚热带各种不同的开花植物，像异木棉、鸡蛋花等，品种非常繁多，来营造四时花不败的感觉。这就是一幅流动的别具岭南特色的山水画了，背后有远山，前面有水与舟，接着近景又有不同形态的植物。

Q：园中景石的应用同样像罗汉松一样引人注目。

A：传统中国山水画的意境通过用罗汉松作为主线来展现的同时，需要另外一种传统材料来搭配，所以我们引入了不同形态的石头。为什么要有那么多不同形态的石头呢？如果按传统做法而言，一种石头就够了。机缘巧合，项目建设前长隆集团早已收藏了各种来自于祖国各地的名石。甲方问过我这么多不同种类的石头是否可以都用于珠海项目的景观营造。我说没有问题，这是个机遇。因为岭南传统园林最为重要的特征就是包容性，那种兼收并蓄的特性。这些来自于各地的名石与我们传统中国园林的造园叠石手法相结合，恰好可以形成别具岭南特色的中式创新。我们在叠石中使用的手法，例如缩龙成寸也好，以点带面也好，都源自传统山水画的意境缩影。因为很多时候我们看国画，一块石再加上一两棵植物，然后就没有了，就是这样子将意境带了出来。我们在珠海长隆做这类型的景观时，也是按照传统的意境，将画意空间再造出来。所以在珠海长隆，你能看到传统手法不仅是传承，而更多是发扬。

Q：长隆这种大规模使用罗汉松和景石的景观营造模式，有人批判不够生态。这在业界会成为一种争议吗？

A：当然有很多会有人说你这样子是破坏大自然，因为那么大规格的工程，感觉将其他地方的植物都拔了来种在这里（笑）。但其实我们只是将当下市场现有的东西利用好，而不是我们为了这个项目主动去自然界中挖回来。这个问题我们需要解释细致些，比如我们的主题树种罗汉松，主要的来源是甲方从日本进口的，罗汉松现在全世界最专业的培育基地在日本，为罗汉松塑形让其产生如画感，这在日本是一项家传的手艺。由此可见罗汉松这种园林植物在东方传统园林营造中所起的作用和其他植物不同，因为罗汉松经过专门培育之后，能够在现实世界中再现传统山水画的画意，罗汉松的培育过程就是造园过程的一部分，这就是除了本身含有吉祥寓意之外，为什么罗汉松会明显贵过其他园林植物的重要原因。现在大家只是注意了罗汉松很贵，而忽略了罗汉松本身所传承的东方画意。

现在有些“专家”往往批评园林中使用罗汉松“不生态”，一是因为罗汉松需整形，二是因为罗汉松很贵，这其实是不严谨的。这个问题就好像用是否生态和绿地率高不高来评价中国的传统古典园林一样，会发现传统的经典根本达不到今天所谓的生态园林建设标准。如果我们的项目一开始就定位为以生态修复作为目标的项目，我们自然会尽量选用低维护成本的乡土植物，但当设计任务是建设一个能代表我们民族品牌的园林精品，我们必然会视传统审美为更重要的指导标准。而且从生态学角度来解读，珠海长隆项目中使用的罗汉松，是经过多代驯种培育的专业园林树种，本身就不再是自然界森林群落的组成，我们大面积使用罗汉松是一种市场采购行为，并非从森林里挖树的破坏行为。园林中所使用的景石是长隆集团苏老板多年的收藏，授权我们作为造园素材使用，将珠海长隆作为其景石收藏的展示地是设计的任务之一，并非专门为该项目建设而去自然界挖掘的，这个道理与罗汉松一致。

而另一方面而言，珠海的地域特征和我们对岭南风格的追求都让我们在配景植物的营造中非常注重物种多样性，只有丰富多彩的植物种类才能反映亚热带的地域景观和岭南风格对繁复美的追求。而这一点与生态设计的观念是相符合的。

这里我想再强调强调，我们最受争议的地方恰恰是我们最有特点的地方，就是规模。如此规模的罗汉松主景序列和如此规模的景石配置，是非常难再复制的，这不仅要甲方有大手笔投入的气魄，还要甲方有多年的收藏准备。我们在项目中最大的挑战和取得的成果就是如何让这些那么难得的造园素材能恰得其所，比如在入口鲸鲨像的右侧有一个以钟乳石作主题的景区，它做出来就十分之有气势，十分之有韵味，这个就是钟乳石和植物配合到极致的成果。而在冬景区，我们着重反映石头本身的特质，景石上的类雪花图案，是如此自然地和人造雪景配合起来。还有很多，总之就是将我们传统中国画中的意境，例如小桥、流水、蕉石、竹石，这些很能够引起我们共鸣的传统的景点，所谓传统中国人审美最欣赏，最向往的景致，我们将它以如此规模重现了出来。而如此的规模，恰恰是别人很难做到的。

Q：所以说用如此大的规模重现中式传统画意，是珠海长隆项目的核心特点。

A：对的，再现传统画意的关键在于将中国人千年来的传统中形成的对美的感受用现实的植物造景来将它进行归纳总结并重现出来。传统园林审美以前更多是在的江南面积相对较小的古典园林里得到体现，而我们是将它与今天的生活节奏和审美基础上再重现出来，我觉得这就是一种新的传承和发扬。它并非是照搬我们传统古典园林过来，而是在传承的基础上结合我们的时代，我们现在的生活需求，我们当代的使用功能来再现的。传承就是我们的特点，你看国内其他的主题乐园，更多像是完全的“舶来品”，本土文化的特点就没有我们的那么鲜明。这个特点就是在我们岭南园林的基础上结合主题娱乐来营造，是我们最主要、最突出的、别人没有的一个世界级的作品，而这都建立在我们对传统古典园林和传统审美的基础上的创新。

就在我们吸收了我们传统山水园林这种审美，在这种我们中国人几千年来对世外桃源的意境的追求的基础上，我们进行了一种创新，进行了一种同我们现在的时代是紧密的，可以叫作与时俱进的景观创作，而创作的关键在于结合到我们现在整个生活节奏。为什么呢？因为它是体验式的园林，是可以参与进去的园林。它的“参与进去”并不仅仅意味着是坐着船，坐着过山车，而是一路都在参与到其中，而是一路都在感受着这样东西，用时代的节奏去感受，不是只是坐在茶庭里感受，而是一种快节奏的感受，是一种嘉年华式的感受。比如说当巡游车、巡游的队伍来的时候，它对我们传统山水画的表现，便成了一种“现代清明上河图”的呈现，我们的景观在融入活动时会发生一种转变，我觉得这样就是一种创新。

归根结底，珠海长隆项目是新岭南园林的一个作品，传承、创新和发扬是我们的关键点。它不同于一个居住区的环境，只是针对很少的一部分人。它是开放的，是针对全世界的，全世界的人都可以在这参与其中互动和体验，在这里，感受的传统园林空间，感受美丽的画面，这是非常好的互动和体验。

Q：这个项目从某种角度而言可以说确立了未来普邦自己的风格和方向，您如何定义“新岭南园林”这个风格？

A：第一，“新岭南园林”应具有岭南园林的特色，这包括：包容，实用，敢于融合和尝试；第二，给人的感觉不陌生，能让人清晰地感觉到传承的力道；第三，“新”不仅体现在现代材料和技术的应用，更主要是体现了对现代生活节奏和需求的关怀。

岭南园林在莫伯治先生那辈人便定格在了那里，新的岭南园林并没有很好的作品。之前长隆酒店二期项目，我们拿到中国风景园林学会的大金奖，得到了中国风景园林学会老专家的一致认可，他们认为这个作品将自然、动物、景观和使用功能结合得非常好。然而那个作品比这个作品粗糙很多。所以我认为，珠海长隆乐园是一个很好的岭南园林作品，它完全够格称得上是真正代表广东的新岭南园林。如果说住宅区景观作品都能够代表岭南园林，那我认为这样太狭隘了。岭南园林广为人知，无论是岭南园林还是岭南画派，它都有强大的兼容性和包容性。它们融合了很多西方艺术的特征，吸收西方先进的东西，结合岭南当地特点和气候特点所形成。而珠海长隆主题乐园便是这样。

Q：岭南园林的特点和珠海长隆项目的特点十分吻合，岭南园林就是实用丰富、兼容并蓄，我们这个也很实用，很丰富，敢于融合新的风格，敢于尝试。

A：主题乐园本身是西方的东西，我们吸收这个外来文化之后将其传承和发扬光大，便形成了今天珠海长隆的这个作品。例如景观河的营造便是在传统园林中营造了现代生活和现代使用功能结合的一个作品。景观河不仅仅用作观赏，而且更具有功能性，这个是我们特有的。景观河在观景的同时还要解决游人从大马戏到乐园的交通问题，这不同于很多人工湖，只是在上面划艇。在山水之外，我们赋予它真正的交通和使用功能，而且这不是纯自然，这是人造的景观结合传统的意念得到的一个结果。当植物生长良好枝繁叶茂之时，再加上其他功能的配合如观赏动植物、欣赏表演、巡游等内容，非常丰富。有鸟有鱼、有冲浪、有漂流和人造的沙滩，将功能和景观融合，营造出互动性，这个才是精彩的作品。

Q：珠海长隆项目能有那么大的投入，甲方的决策和定位非常重要。

A：非常感谢这次的甲方，长隆集团的苏老板。苏老板有他的真知灼见，有他的远见和气魄，他敢于去做这件事，舍得投入一千几百棵罗汉松和这么多漂亮的石头，凭借这些我们才有可能实现新岭南园林的格局。现在好多其他园林公司所做的东西都是将西方的东西搬过来我们园林里面，或者是仿古，真真正正像我们这种全程再创新的不多，所以我们就找到我们特有的东西，这种东西才是最重要的。你纵观现在好多设计，要不都是将西方的东西移植进来后改变一下，随随便便；要不就是很虔诚地再造那些很传统的名园，但是类似这种将传统和现代结合得这么有创新感的并不多，甚至是没有的，特别是规模上而言找不到这么大手笔的东西。

现在的项目大多是楼盘，即使是做公园也很少有人会像这样投入巨资做出如此规模的主题公园。全国兴起建设湿地公园，然而湿地公园大多也是学术上的参照和模仿，并没有非常大的影响力。因此，无论是从项目规模、项目投入还是受众人群等的方面，珠海长隆主题公园都是一个在全国甚至世界上非常有影响力的作品，这是一个展示新岭南园林的非常好的平台。即使是拿西溪湿地同珠海长隆来比较，西溪湿地公园是基于天然地理环境形成的，而珠海长隆主题公园却是完全人工造出来的，这个是我们独有的，人工形成的中国传统审美结合现代生活方式的大型主题公园我们还是全国第一例。

Q：作为项目的总设计师，能否简单谈谈项目建成后您的感受?

A：项目在做之初便是意念在先，直到最后做完，才能够呈现出我心中所想。现在做出来刚合我意。

珠海长隆乐园景观空间意象是一脉相承的传统意境，然而所用的设计材料和元素并不是传统的，而是与时俱进的。整个景区的每一点都可以看到传统中国园林和传统中国画所呈现出来的诗情画意，这在很多经典的美术作品或者是园林景观里都找到它的身影，这个便是传承和创新很好地结合。我们的创新点在于营造传统中国园林空间理念、审美和诗情画意的同时，结合了现代生活节奏和生活习惯，营造出了老少皆宜的动植物和谐共生的景观。这就是一种创新，这是一种在传承过程中的创新。只有做到了这种创新，我们才敢说我们打造了一个能够代表我们中国的世界级的主题乐园景观。

WWW . PBLANDSCAPE.COM

前 言

温岭是台州市所辖县级滨海城市，地处浙江东南沿海，长三角地区南翼，三面临海，东濒东海，南连玉环，西邻乐清及乐清湾，北接台州市区。温岭海岸线较长，约 316.3 km，其中大陆岸线约 147.5 km，海岛岸线约 168.8 km；海域面积广阔，相当于陆域面积的15倍，境内面积大于 500 m^2 的岛屿 169 个，主要集中分布于东部沿海；沿海有可围滩涂 11 000 hm^2，占潮间带总面积的 70.64%，其中，涂面高程在黄海零米以上约 5 100 hm^2，占可围滩涂的 46.56%，主要分布在东部（大港湾）、南部（隘顽湾）和乐清湾、北部（坞根）沿海。

2011 年至 2012 年期间，作者对温岭的横仔岛、乌龟屿、北港山、积谷山、南沙镬岛、洛屿、二蒜岛、内龙眼礁、内钓滨岛和腊头山 10 个岛屿的潮间带底栖生物进行调查，并对温岭的乐清湾、隘顽湾、若山渔港、洞下沙滩、水桶岙沙滩、礁山港、龙门港、东海塘等沿岸代表性强、潮带比较完整、滩面底质类型比较均匀、干扰较小并且相对稳定区域的 17 条断面潮间带底栖生物进行了调查，系统分析了温岭潮间带大型底栖生物的物种组成、栖息密度和生物量，并拍摄了大量原色图片。参加本书编写工作的有肖国强，彭欣，张永普，黄贤克，张炯明，方军，蔡景波，张华伟，周文斌，滕爽爽，陆荣茂。

本书的出版得到了温岭市海洋与渔业局的资助，项目的完成得到了浙江省海洋水产养殖研究所谢起浪研究员（原所长）、李尚鲁高级经济师（原党委书记）、柴雪良书记的支持与帮助，深表谢意。

限于作者水平有限，书中错误和不妥之处在所难免，敬请有关专家、同仁和读者不吝指正。

作者

2017 年 6 月 于温州

目 次

第一部分 温岭海岛潮间带生物资源

第二部分　温岭滩涂潮间带生物资源

第一部分

温岭海岛潮间带生物资源

海岛是海洋生态系统的重要组成部分，是特殊的海洋资源和环境的复合区域。开发海岛、建设海岛、保护海岛，是实施海洋经济可持续发展的重要内容之一。随着人口的增长和社会经济的迅猛发展，资源需求日益增长，海岛资源的开发利用成为发展海洋经济的重点方向之一。然而，由于海岛与大陆分离，面积狭小，地域结构简单，资源构成相对单一，生态系统十分脆弱，极易遭受损害，导致海岛资源开发与生态环境保护之间的矛盾日益突出，最终将会阻碍海岛生态经济系统的发展（孙元敏等,2010）。随着陆地资源的日渐枯竭，全球都面临着人口、资源、环境与发展的巨大压力，沿海各国越来越清醒地认识到拓展海洋发展空间的重要性，海岛作为海洋生态系统的重要组成部分，其特殊的地理位置和资源环境，关系到沿海国家甚至是全球未来的可持续发展，战略地位十分突出。因此，我们必须从长远利益出发，加强海岛生物多样性及其生态环境保护研究，实现海洋生物多样性保护以及海洋生物资源的可持续利用。

1 国内外海岛形势

1.1 国际形势

进入21世纪以来，全球资源短缺与环境退化的状况日趋严重，出于对新资源的渴望，一方面带动了全球性海洋开发热潮的形成；另一方面围绕海洋资源的争夺，引发了日趋激烈的海洋权益之争。与此同时，随着人类活动向海洋不断扩张，海洋环境出现了退化加剧与蔓延的趋势。在这些过程中，海岛尤其是无居民海岛，其资源、权益和环境的价值得到充分体现，战略地位与意义十分显著。

（1）全球海洋开发热潮已形成，海岛的资源价值日趋重要。海洋是地球上分布最为广阔的空间，蕴藏着数量巨大、种类繁多的资源，是人类社会可持续发展的宝贵财富。随着当今科学技术的不断进步，人类对海洋的认识也日益深化，全球性的海洋开发热潮业已形成。沿海各国纷纷将海洋开发战略上升至国家战略的高度，把大力发展海洋产业作为推动本国经济发展新的增长点，把加快海洋资源开发作为破解全球资源短缺困局的重要途径。“21世纪是海洋世纪”已成为当今世界的普遍共识，海洋已成为国际政治、经济、军事和文化发展所关注的焦点领域。作为海陆兼备的国土空间，海岛不仅本身具有港口、旅游、渔业、珍稀生物、能源等众多资源，且相对于广袤的海洋而言，海岛开发条件相对较好；更为重要的是，海岛更是开发利用海洋资源的主要依托。海岛具有极高的经济与资源价值。在海岛中，又以无居民海岛居多，据20世纪90年代海岛资源综合调查的数据显示，在我国6 961个面积不小于500 m^2 的海岛中，无居民海岛占94%左右。因此，在当今全球海洋开发热潮方兴未艾的趋势下，无居民海岛的资源价值与地位正日趋重要。

（2）国际海洋新秩序逐步建立，海岛成为各方博弈的焦点。在全球性海洋开发热潮的背景下，海洋权益已成为左右全球海洋资源分配的首要条件，沿海各国对维护各自的海洋权益极为重视。随着1994年《联合国海洋法公约》的正式生效，占全球海洋面积的35.8%、近1.3亿 km^2 的近海被沿海各国划为管辖海域，宣告了国际海洋新秩序的开始逐步建立。根据《联合国海洋法公约》的规定，“在开阔海域中，一个能够维持人类居住的海岛可以拥有 43 万 km^2 的管辖海域及其海洋资源”，“在开阔海域中，一个不能维持人类居住的海岛，也可以拥有 6 215 km^2 的管辖海域及其海洋资源”。海岛因在领海、毗邻区以及专属经济区范围的确定过程中起到关键作用，因而占据了极其重要的地位，其重要性已不仅局限于海岛本身的经济、资源、军事和环境价值，更是直接关系到国家主权与海洋权益的诉求，以及其背后巨大的海洋资源的争夺。因此，海岛尤其是无居民海岛，已成为沿海各国利益冲突与博弈的焦点地区，目前我国与周边国家在南沙群岛、中沙群岛和钓鱼岛等岛屿归属争议和冲突上，正是这种利益博弈的体现。

（3）全球海洋环境退化压力趋紧，海岛成为实现可持续发展的关键。全球性的海洋开发热潮在带来巨大财富的同时，也加剧了海洋整体环境污染与退化，尤其是人类活动较为频繁的沿海区域，由于缺乏足够的环境保护意识和采取有效地防治措施，使得近岸海域环境污染较为严重。与此同时，随着对海洋开发利用的不断深入，海洋环境正面临污染程度加剧和范围不断扩散的趋势。海洋环境作为全球生命支持系统的基本组成部分之一，是维系人类社会发展的重要基础，因此实现海洋环境的可持续发展已成为当今全球性的重要议题和普遍共识，被列入《联合国海洋法公约》和联合国可持续发展《21 世纪议程》等文献中，受到世界各国的广泛关注。海岛尤其是无居民海岛，作为海洋环境中重要组成部分之一，由于它们一方面因地理上孤立，形成较多的独特生物种群聚集，在全球生物多样性中占有非常重要的地位，对维护整体海洋环境意义重大；另一方面因幅员小，生态容量有限，生态系统极为脆弱而易受伤害，一旦破坏往往难以恢复，要实现可持续发展困难重重。可见，要实现海洋环境的可持续发展，很大程度上取决于海岛的可持续发展能否实现。

1.2 国内背景

在当前全球海洋时代背景下，中国立足本国实情，提出要“实施海洋开发、建设海洋强国”，而在此基础上，浙江省也根据本省海洋资源禀赋与海洋经济基础优势，提出了打造“海上浙江”的主导战略。这些重大战略的制定与推动，促使无居民海岛成为我国和浙江省未来发展的热点领域。

（1）我国全面推进“海洋强国”战略，海岛成为发展热点。我国海域辽阔、海洋资源丰富，拥有 1.8 万 km 余绵长的大陆海岸线、6 961 个面积在 500 m^2 以上的海岛、约 38 万 km^2 的领海和 300 万 km^2 的主张管辖海域、约 70 万 km^2 的油气资源沉积盆地、约 400 亿 t 的海洋石油资源量以及约 14 万亿 m^3 的天然气储量。随着我国国民经济与社会的快速发展，国家对海洋领域的开发与利用日益重视，自 2003 年的十届人大一次会议提出“西部大开发，东部大海洋”的总体设想和颁布实施《全国海洋经济发展规划纲要》以来，国家逐步建立起“实施海洋开发”、“建设海洋强国”的总体战略，并将其作为当前我国实施“和平崛起”的重要战略举措之一。在我国的“海洋强国”战略构想中，未来我国东部沿海地区，将形成一条集“高度开放的外向型经济带”、“技术密集的高新技术产业带”、“现代设施的港口城市连绵带”和“回归自然的旅游观光度假带”等多种功能于一体的“海洋第二经济带”，成为我国实现转型升级发展和构筑和谐社会的重要支撑。这一战略的实施，离不开对我国众多沿海岛屿的开发建设与利用，而经过多年的建设，当前我国沿海地区有居民海岛的资源利用手段与基础较为成熟，利用程度也已较高，因此当前国家逐步将发展的重点转向无居民海岛领域。

（2）浙江省积极打造“海上浙江”战略，海岛成为重要支撑点。面对新世纪海洋经济蓬勃发展的历史性契机，浙江省很早就提出了“推进陆海联动，加快海洋经济强省建设”的发展思路，围绕港口航运、海洋旅游、临港能源、临港石化等方面，将大力发展海洋经济作为全省经济增长重要支点，在近年的发展实践中取得了巨大的成效。然而，受当前国际金融危机，以及自身资源短缺与环境压力趋紧等影响，浙江省发展后劲不足的状况有所体现，因此，尽快实现转型升级发展成为当前浙江经济发展的首要任务。立足自身海洋优势资源与现实基础，以海洋经济的跨越性发展来推动浙江实现经济转型升级，被认为是切实可行的重要途径之一。为此，浙江省在原有建设“海洋经济强省”战略基础上，进一步提出了打造“海上浙江”战略，并希望将其作为今后一段时间内引领浙江发展的主导战略，围绕“科学看海、科学谋海、科学用海、科学兴海、科学管海”等方面，进一步整合现有资源优势，加快海洋经济的发展，成为带动全省经济转型发展的新引擎。而这其中，浙江省所具有的丰富的无居民海岛资源，无疑将发挥越来越重要的支持作用。

2　温岭地区海岛概况

2.1　区域自然条件

2.1.1　地理位置

温岭地处浙江东南沿海，位于28°12′45″—28°32′2″N，120°9′50″—121°44′0″E。北靠宁波，南邻温州，西接乐清，东部和东南部濒海。全市东西长55.5 km，南北宽35.9 km，总面积1 001.76 km^2，其中陆域面积925.47 km^2，海域面积76.29 km^2。海岸线总长约316.3 km，其中大陆岸线约147.5 km，海岛岸线约168.8 km。面积大于500 m^{2}的岛屿169个，主要集中分布于东部沿海。

2.1.2　地质地貌

温岭地区地质构造属华夏褶皱带范围。区域内的低山、丘陵（包括沿海岛屿）均系雁荡山山脉东侧余延部分，岩性大多数为晚侏罗纪火山——沉积岩及燕山期侵入岩。第四纪沉积土层主要有全新统滨海相组上段的青灰色淤泥及淤泥质黏土；中段青灰色淤泥质粉质黏土或有机质含量较高的黏土；下段为灰色，灰黄色粉质黏土、粉砂、粉细砂等。沿海及岛屿岩石主要是熔结凝灰岩、凝灰岩和集块岩，局部层段夹有砂质页岩。

地形地貌态势是西南高、东北低，沿海地形、地貌分为3个区域：西南低山、丘陵区；东南松门—石塘丘陵海岛区，海拔多在200 m以下，多数岛屿位于10 m等深线以内的浅海或潮滩。滩涂主要为泥质潮滩，多数滩涂处于缓慢的淤涨状态。

2.1.3　气候特征

温岭地区属亚热带季风区，气候温和湿润，四季分明，热量充裕，光照适中，无霜期长。年平均气温在15~17℃，最高气温陆上为38.1℃，海上33.1℃。全年高于30℃气温约60 d；最低气温-6.6℃，全年低于0℃气温天数约20 d。雨量充沛，年平均降水量为1 693.1 mm，年内分布不匀，呈季节性变化，3—5月为春雨期，6—7月上旬为梅雨期，8—9月为台风期，年最大降水量为2 330.4 mm（1989年）；年最小降水量837.6 mm（1986年），最大日暴雨多年平均值为141.95 mm，最大值为366.9 mm（1987年7月20日）。

温岭常风向 NNE，其次为 N。据资料统计，自 1960—2001 年的 42 年间，影响温岭的台风共 76 次，平均每年 1.8 次，台风影响持续时间平均 3.4 d，最长 5 d。最大风速达 40 m/s。区域内多年平均雾日数为 56 d，最多雾日数为 72 d，1—6 月为雾季，而后渐减，秋季少雾，全年最多雾日在 5 月。

2.1.4 水文、潮汐

温岭海域潮汐属规则半日潮型，每日有两次高潮，两次低潮，涨潮落潮历时基本相同（涨潮历时 6 h 14 min，落潮历时 6 h 10 min），潮差东部比西部小。潮流属非正规半日潮流，潮流平缓，大潮期间垂线平均流速 30~40 cm/s。风暴潮威胁较为严重和频繁，平均每年约 5 次。东部海域波浪是以涌浪为主的混合浪，平均波高 1.2 m；乐清湾中部和北部环境隐蔽性好，波浪作用弱。沿海正常天气下泥沙含量不大，东部近海海域全潮泥沙垂线 0.132~0.276 kg/m^3，含沙量最小的港区为钓浜港，最大的港区为箬山港与观岙港。近岸海域沉积物质量状况良好。

2.2 海岛分布概况

温岭大潮高潮位以上面积大于 500 m^2 的岛屿 169 个，其中有人居住的 9 个，乡镇驻地岛 1 个（龙门岛），岛屿面积为 14 720 141 m^2，其中山地面积 1 387.61 hm^2，平地面积 84.40 hm^2，岛屿滩地面积 279.54 hm^2。海岛岸线总长 166 924 m，其中岩礁岸线 153 788 m，砂砾岸线 383 m，淤泥岸线 284 m，人工岸线 12 469 m。岛屿隶属乡镇见表 1-1。

表 1-1 温岭岛屿行政隶属

乡 镇	岛数	主要岛屿名称
龙门乡	56	龙门、北港山、南港山、横门山、九洞门、沙镬山、积谷山
贯庄乡	2	下墨、瓦屿
松门镇	7	山人屿、大娄、直大山、白谷礁、斜头、小斜头
钓滨乡	44	隔海山、腊头山、和尚屿、笔架山、牛山、北斗屿
石塘镇	35	三蒜、二蒜、棺材屿、横屿、雨伞礁、黄石、鸟屿、美鱼礁
箬山镇	15	落星山、龙眼礁、深竹屿、大扁屿、小扁屿、三礁、稻草亭屿、长背礁
大闾镇	4	小屿、乌龟屿、双屿
岙环镇	4	担屿
江下乡	2	横仔

注：参考 2013 年温岭市行政区划.

龙门鸡冠屿（3014）。隶属于温岭龙门乡，基岩岛，无平地。岛上基岩裸露，无高等植物。岛屿陆域面积为 4 145 m^2，岸线长度为 322 m。岛顶灯桩一座，有台阶连接。

积谷山岛（2994）。隶属于温岭龙门乡，基岩岛，无平地。基岩裸露无高等植物。岛屿陆域面积为 452 591 m^2，岸线长度为 2 982 m。废弃坍塌石屋，简易山路（图 1-1）。

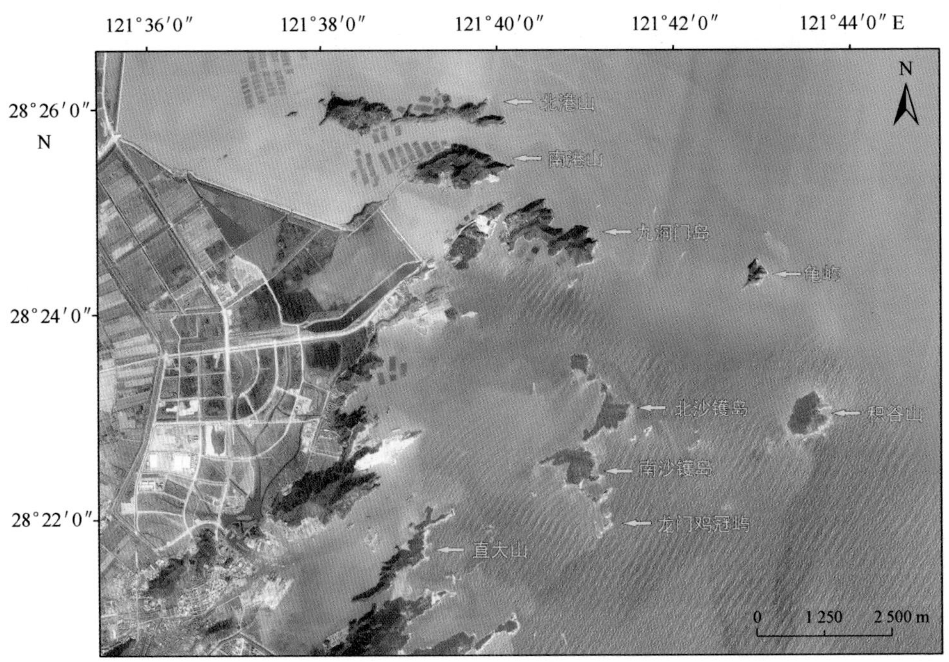

图 1-1　北港山岛附近海岛位置

二蒜岛（3103）。隶属于温岭石塘镇，位于石塘镇东南，基岩岛，无平地。土壤为棕石砂土。岛屿陆域面积为 248 725 m^2，岸线长度为 2 668 m。岛上盘山路，有水塘、房屋，旅游娱乐用岛。

大扁岛（3120）。岛屿陆域面积为 101 308 m^2，岸线长度为 1 427 m。岛上开山采石（图 1-2）。

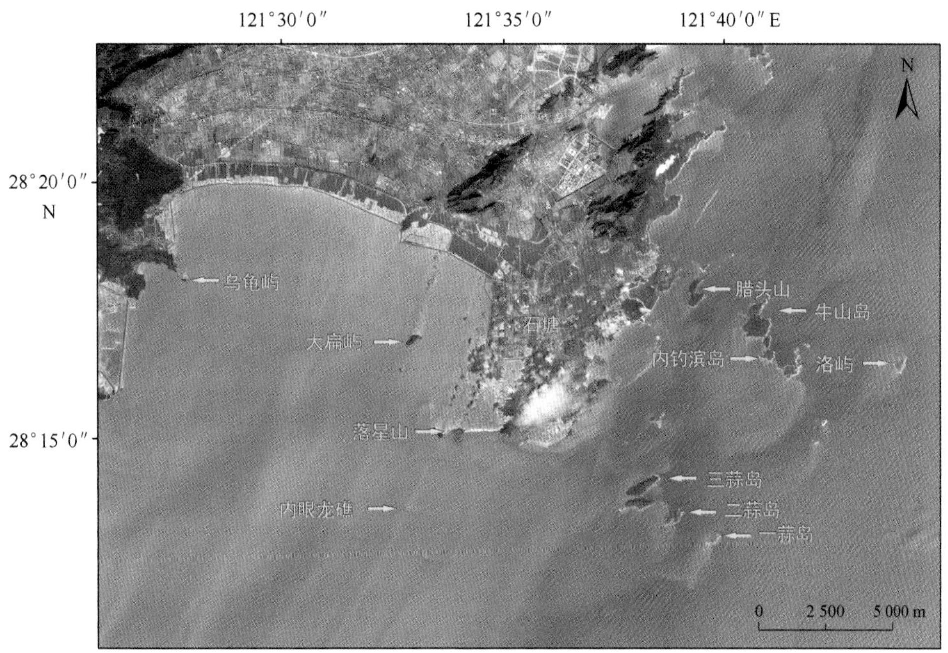

图 1-2 石塘附近海岛位置

3 潮间带大型底栖生物调查

3.1 材料与方法

3.1.1 调查断面与时间

根据调查目的，选择类型相对均匀、潮带较完整、无人为破坏或者扰动较小，且相对较稳定的典型岸段布设断面，每条断面采用 GPS 定位（仪器标称准确度优于 1 mm）。

本次对温岭的海岛调查共设计了 10 条断面，具体分布见图 1-3，其经纬度坐标见表 1-2，其中横仔岛为泥质底，其他断面均为岩礁。调查分为秋季和春季两个航次，采样时间分别为 2011 年 10 月 18—21 日和 2012 年 4 月 19—22 日。

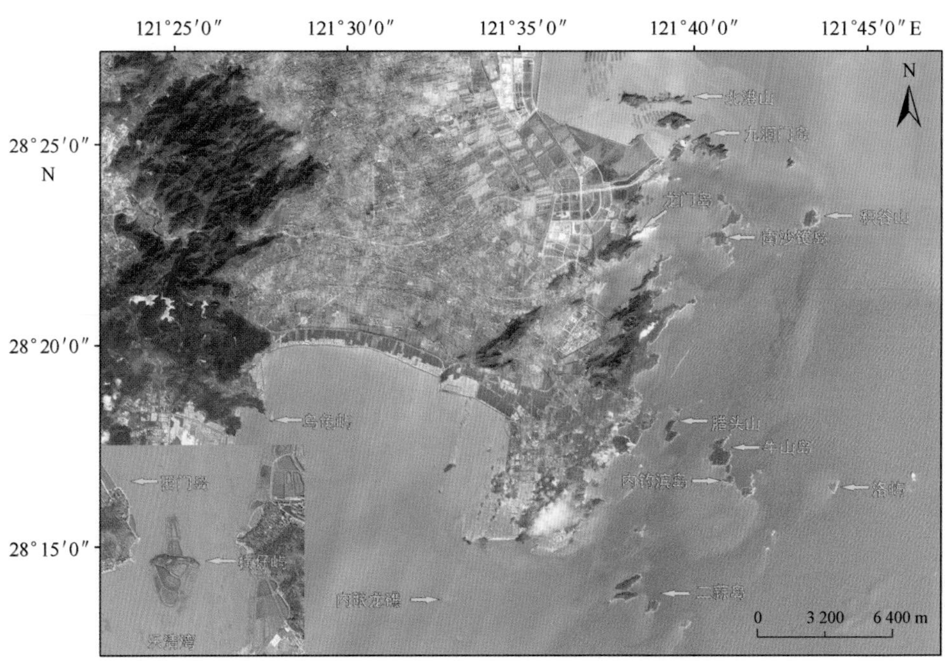

图 1-3 温岭海岛潮间带大型底栖生物调查断面

表 1-2　温岭海岛潮间带底栖生物调查断面经纬度

断面	纬度（N）	经度（E）
横仔岛	28°19′42.67″	121°12′24.82″
乌龟屿	28°18′03.75″	121°27′51.49″
北港山	28°25′46.46″	121°40′05.15″
积谷山	28°23′01.10″	121°43′16.60″
南沙镬	28°22′28.92″	121°40′53.36″
洛屿	28°16′28.77″	121°43′48.91″
二蒜岛	28°13′16.78″	121°38′52.15″
内龙眼礁	28°13′35.33″	121°32′48.32″
内钓滨岛	28°16′28.77″	121°40′57.08″
腊头山	28°17′28.98″	121°39′27.30″

3.1.2　调查方法

于大潮水退潮期间，在每条断面高潮区、中潮区和低潮区各设立一个站位，对潮间带大型底栖生物进行定性和定量采样。定量样品采用25 cm×25 cm 采样框进行采集，每站随机采集 4~6 个样方，岩礁断面使用小铲刀和镊子将样方内的大型底栖生物从其附着的基质上取下洗净，每个样方放入密封的塑料袋内，用记号笔记录样品编号；泥滩断面用孔径为 1.0 mm 过滤筛筛洗样品后放入样品袋；同时在断面内的高潮区、中潮区和低潮区广泛采集定性样品。将采集到的样品用体积分数为 5%的福尔马林溶液进行固定。样品带回实验室后，按调查地点、断面和站位号，对定量和定性样品中的物种进行鉴定，并对定量样品中的每种物种密度进行计数，吸干表面水分后用精确度为 0.001 g 的电子天平称量质量。

3.1.3　数据处理

研究区域概况示意图采用 Surfer8.0 软件绘制，生物量、丰度和优势度计算采用 Excel 软件，把优势度大于 500 的物种定义为优势种。此外，潮间带大型底栖生物的 MDS 排序分析、等级聚类以及 ABC 曲线用 PRIMER5.0 软件包绘制。

物种多样性指数、物种均匀度和物种丰富度指数采用以下公式计算所得：

（1）香农-威纳信息指数（Shannon-Wiener information index）（物种多样性指数）

$$H' = -\sum (P_i \cdot \lg P_i)$$

P_i——样品中第 i 种的个体数占该样品总个体数之比。

（2）物种丰富度指数（Margalef's species richness）

$$d = \frac{S-1}{\ln N}$$

S——样品包含的种数；

N——总个体数。

（3）均匀度指数（Pielou's evenness）

$$J' = \frac{H'}{\ln S}$$

H'——为香农-威纳信息指数；

S——为样品包含的种数。

（4）辛普森优势度指数（Simpson's dominance）

$$1 - \lambda' = 1 - \frac{\sum N_i(N_i - 1)}{N(N-1)}$$

N_i——样品中第 i 种的个体数，单位为个（ind）；

N——该样品的总个体数，单位为个（ind）。

（5）相对重要性指数（Indices of relative importance，IRI）（Pinkas et al.，1971）

$$\mathrm{IRI} = (W + N) \times F$$

W——相对生物量，该物种的生物量占大型底栖生物总生物量的百分比；

N——相对丰度，该物种的个体数占大型底栖生物总个体数的百分比；

F——出现频率，该物种出现的样方数与总样方数之比的百分比。

3.2 调查结果

3.2.1 秋季大型底栖生物分布特征

3.2.1.1 大型底栖生物种类组成及分布

综合定性和定量分析所得数据，温岭秋季 10 个海岛断面共鉴定出潮间带大型底栖生物共 81 种（表 1-3），其中以软体动物种类最多，有 46 种，占 56.25%；其次是甲壳动物 14 种，占 17.50%；藻类 12 种，占 15.00%；多毛类 5

种，占 6.25%；棘皮动物和其他动物分别为 2 种，各占 2.50%（图 1-4）。

表 1-3　温岭海岛秋季各断面潮间带大型底栖生物物种分布

断面	藻类	多毛类	软体动物	甲壳动物	棘皮动物	其他动物	合计
北港山	7	0	18	5	2	0	32
二蒜岛	5	1	17	5	2	0	30
横仔岛	0	3	10	4	0	0	17
积谷山	4	0	13	2	1	0	20
洛屿	2	0	14	3	1	0	20
南沙镬	1	0	15	3	0	0	19
内钓滨岛	0	0	19	3	0	0	22
内龙眼礁	3	1	18	5	1	0	28
乌龟屿	0	0	12	5	0	0	17
腊头山	2	0	15	7	1	2	27
总物种数	12	5	46	14	2	2	81

秋季各海岛潮间带大型底栖生物种类分布的差异显著，物种数最高的是北港山，有 32 种；最低的是横仔岛和乌龟屿只有 17 种（表 1-3 和图 1-5）。

10 个断面的物种出现频率和数量分布显示，温岭海岛潮间带有丰富的大型底栖生物物种。其中软体动物有齿纹蜒螺（*Nerita*（*Ritena*）*yoldii*）、彩虹明樱蛤（*Moerella iridescens*）、短滨螺（*Littorina brevicula*）、短石蛏（*Lithophaga curta*）、隔贻贝（*Septifer bilocularis*）、厚壳贻贝（*Mytilus coruscus*）等；甲壳动物有粗腿厚纹蟹（*Pachiyarapsus crassipes*）、光辉圆扇蟹（*Sphaerozius nitidus*）、平背蜞（*Gaetice depressus*）、长脚长方蟹（*Metaplax longipes*）、龟足（*Capitulum mitella*）等；藻类有粗珊藻（*Calliarthron yessoense*）、海萝（*Gloiopeltis furcate*）、鼠尾藻（*Sargassum thunbergii*）、铁钉菜（*Ishige okamurae*）等；多毛类有复瓦鳞沙蚕（*Aphrodita aculeate*）、沙蚕（*Nereis succinea*）等。

另外从定性采集的样品角度来看，高潮区分布的物种较少，以螺、藤壶、龟足为主。中潮区分布的物种较多，以贻贝、螺、蟹和藤壶等为主，还有少量的藻类。而低潮区分布的物种也多，与中潮区分布情况类似。

3.2.1.2　潮间带大型底栖生物优势种分布特征

从不同的海岛断面来看，群落结构的优势种变化不尽相同，优势种（*IRI*≥

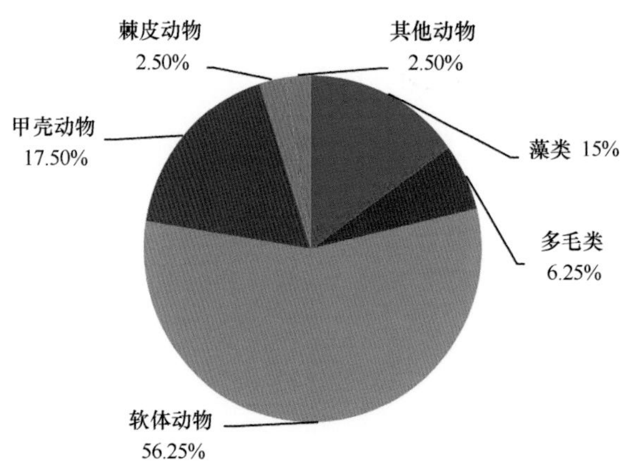

图 1-4　温岭地区海岛秋季潮间带大型底栖生物各类群的种类数组成

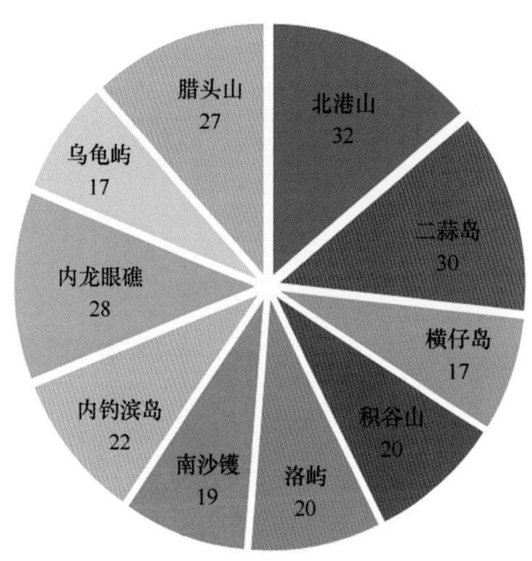

图 1-5　温岭地区海岛秋季潮间带大型底栖生物种类数的水平分布

500）的种类北港山断面为 3 种，占总生物量的 90%；二蒜岛为 5 种，占总生物量的 90%；横仔岛为 5 种，占总生物量的 82%；积谷山为 3 种，占总生物量的 83%；洛屿为 5 种，占总生物量的 92%；南沙镬为 5 种，占总生物量的 91%；内钓滨岛为 4 种，占总生物量的 91%；内龙眼礁为 3 种，占总生物量的 88%；乌龟屿为 4 种，占总生物量的 97%；腊头山 5 种，占总生物量的 84%（表 1-4）。疣荔枝螺（*Thais clacigera*）在除了横仔岛之外的其余 7 个断面中均成为优势种，日本笠藤壶（*Tetraclita japonica*）和小结节滨螺（*Nodilittorina exigua*）在 8 个断面中成为优势种，而且日本笠藤壶优势度（*IRI*≥5 756. 24）非常明显。其他物种只在部分断面成为优势种，其他断面为常见种或偶见种。

表 1-4 温岭海岛潮间带秋季大型底栖生物主要优势种及其优势度（*IRI*）

种名	北港山	二蒜岛	横仔岛	积谷山	洛屿	南沙镬	内钓滨岛	内龙眼礁	乌龟屿	腊头山
日本笠藤壶 *Tetraclita japonica*	13 317.93	12 341.38	-	7 774.71	7 967.22	—	7 620.73	8 946.71	5 756.24	9 245.47
疣荔枝螺 *Thais clavigera*	—	1 304.30	—	2 195.67	1 046.00	4 095.98	3 500.11	—	6 881.81	3 713.34
小结节滨螺 *Nodilittorina exigua*	—	—	—	—	—	—	679.72	1 155.56	-	621.11
隔贻贝 *Septifer bilocularis*	—	1 015.02	—	—	1 131.21	—	—	—	—	760.90
贻贝 *Littorinopsis intermedia*	2 546.02	1 400.39	—	—	—	—	—	—	—	994.37
条纹隔贻贝 *Septifer virgatus*	—	664.23	—	—	2 474.32	—	—	951.11	—	—
青蚶 *Barbatia virescens*	654.53	—	—	—	—	1 267.10	—	—	533.52	—
短拟沼螺 *Assiminea brevicula*	—	—	539.00	—	—	—	—	—	—	—
彩虹明樱蛤 *Moerella iridescens*	—	—	1 462.81	—	—	—	—	—	—	—
弧边招潮蟹 *Uca arcuata*	—	—	655.26	—	—	—	—	—	—	—
寄居蟹 *Clibanarius infraspinatus*	—	—	—	—	—	3 639.99	—	—	—	—
长脚长方蟹 *Metaplax longipes*	—	—	5 393.50	—	—	—	—	—	—	—
单齿螺 *Monodonta labio*	—	—	—	—	—	912.22	—	—	—	—
厚壳贻贝 *Mytilus coruscus*	—	—	—	—	4 075.22	—	—	—	—	—
偏顶蛤 *Modiolus modiolus*	—	—	—	—	—	—	—	—	703.29	—
锈凹螺 *Chlorostoma rusticum*	—	—	—	—	—	2 397.64	667.07	—	—	—
珠带拟蟹守螺 *Cerithidea cingulata*	—	—	3 781.73	—	—	—	—	—	—	—
鼠尾藻 *Sargassum thunbergii*	—	—	—	543.26	—	—	—	—	—	—

注：“—”表示 *IRI*<500.

3.2.1.3 潮间带大型底栖生物量分布特征

温岭海岛秋季潮间带 10 个断面平均生物量为 1 649.17 g · m^{-2}，丰度为 742.59 ind · m^{-2}（表 1-5）。生物量组成中软体动物最高，其次是藻类，再次是甲壳动物，其他各类群的生物量相对较低。大型底栖生物生物量总体分布不均匀，洛屿的平均生物量最高，达到 3 821.10 g · m^{-2}，而横仔岛的平均生物量仅为 21.39 g · m^{-2}（图 1-6 和图 1-7）。

表 1-5 温岭海岛秋季断面潮间带底栖生物的生物量和丰度组成特征

断面	高潮区		中潮区		低潮区		平均值	
	生物量	丰度	生物量	丰度	生物量	丰度	生物量	丰度
北港山	84.43	197.33	883.29	421.33	1 515.92	600.00	827.88	406.22
二蒜岛	592.10	345.60	3 045.75	840.00	1 889.51	488.00	1 842.46	557.87
横仔岛	26.97	44.00	24.67	172.00	12.54	53.33	21.39	89.78
积谷山	365.13	164.00	2 074.08	432.00	931.26	16.00	1 123.49	204.00
洛屿	4 068.13	1 508.00	4 283.00	3 644.00	3 112.18	868.00	3 821.10	2 006.67
南沙镬	93.64	112.00	365.65	292.00	629.12	288.00	362.80	230.67
内钓滨岛	722.13	1 240.00	6 392.78	1 588.00	3 895.98	1 028.00	3 670.30	1 285.33
内龙眼礁	174.52	812.00	5 682.41	1 792.00	1 798.57	624.00	2 551.83	1 076.00
乌龟屿	178.64	756.00	919.25	916.00	427.37	584.00	508.42	752.00
腊头山	558.66	784.00	1 936.89	764.00	2 790.48	904.00	1 762.01	817.33
平均值	686.43	596.29	2 560.78	1 086.13	1 700.29	545.33	1 649.17	742.59

注：生物量单位为 g · m^{-2}；丰度单位为 ind · m^{-2}.

各断面的大型底栖生物垂直分布并不均匀（图 1-8），从本次的调查结果来看，平均生物量的垂直分布由大到小依次为中潮区（2 560.78 g · m^{-2}）、低潮区（1 700.29 g · m^{-2}）、高潮区（686.43 g · m^{-2}）；丰度的分布由大到小依次为中潮区（1 086.13 ind · m^{-2}）、高潮区（596.29 ind · m^{-2}）、低潮区（545.33 ind · m^{-2}）。

3.2.1.4 各断面潮间带大型底栖生物的多样性指数

研究分析 10 个海岛潮间带断面的数据后显示（表 1-6），物种多样性指数最高在南沙镬（2.24），最低在北港山（1.50），平均为 1.81±0.21；物种丰富度

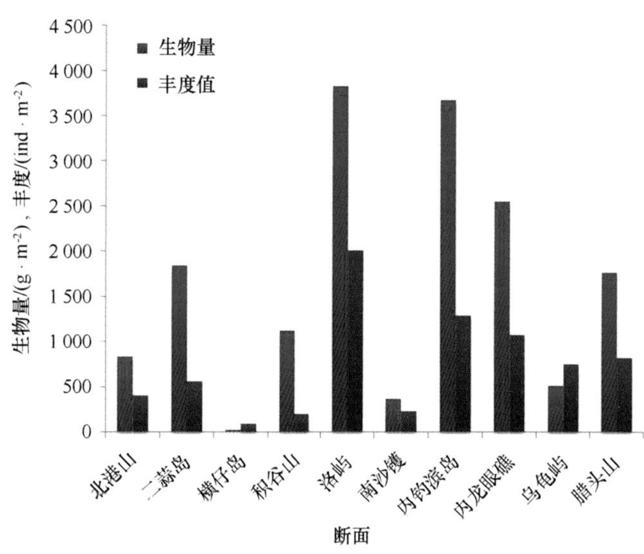

图 1-6　温岭海岛秋季断面潮间带底栖生物的生物量和丰度

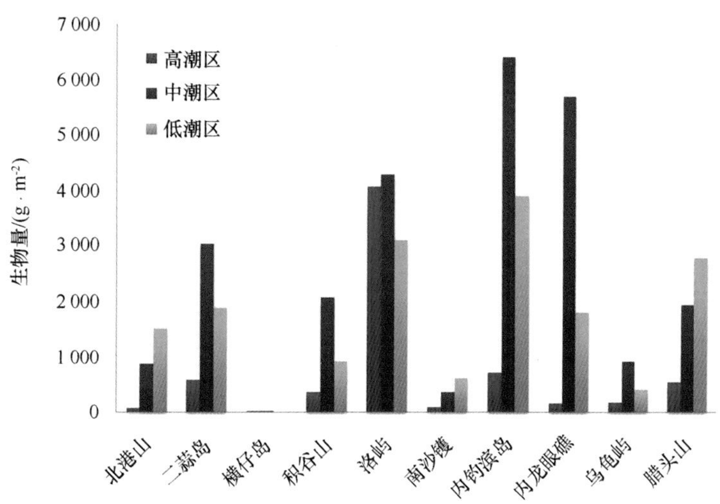

图 1-7　温岭海岛秋季各潮区底栖生物的生物量组成

指数最高在腊头山（3.43），最低在乌龟屿（1.66），平均为 2.53±0.55；均匀度指数最高在南沙镬（0.79），最低在北港山（0.52），平均为 0.65±0.09；辛普森优势度指数最高在南沙镬（0.86），最低在北港山（0.64），平均为 0.75±0.07。

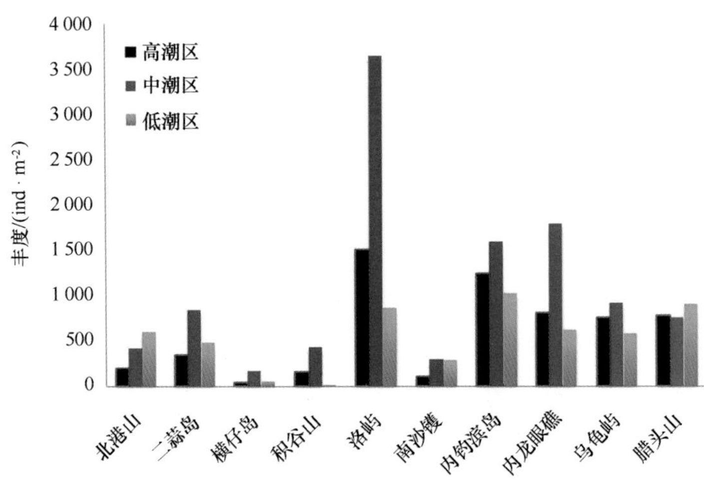

图 1-8　温岭海岛秋季各潮区底栖生物的丰度组成

表 1-6　温岭海岛秋季各断面潮间带大型底栖生物生态学参数

断面	物种多样性指数（H'）	物种丰富度指数（d）	均匀度指数（J）	辛普森优势度指数（1-λ）
北港山	1.50	2.83	0.52	0.64
二蒜岛	1.81	2.37	0.65	0.73
横仔岛	1.91	2.67	0.75	0.79
积谷山	1.55	2.07	0.62	0.66
洛屿	1.74	1.71	0.66	0.78
南沙镬	2.24	2.94	0.79	0.86
内钓滨岛	1.72	2.65	0.57	0.75
内龙眼礁	1.72	3.01	0.56	0.70
乌龟屿	1.86	1.66	0.75	0.81
腊头山	2.02	3.43	0.64	0.81

3.2.1.5　各断面潮间带大型底栖生物的群落结构分析

聚类分析和 MDS 在群落生态研究中常用，用来评价群落结构。根据定量样品分析，10 个断面潮间带大型底栖生物的聚类分析结果显示（图 1-9），温岭海岛潮间带大型底栖生物群落可以划分为 3 个群落，乌龟屿和南沙镬组成群落 I，腊头山、北港山、内龙眼礁、二蒜岛、洛屿、内钓滨岛、积谷山组成群落 II，横仔岛组成群落 III，其中群落 I 相似度为 36%，群落 II 相似度为 58%，群落 III 相似度为 2%。根据 Clarke K R 等认为，当 stress（胁强系数）<0. 05 为吻合极好；stress<0. 1 为吻合较好；stress<0. 2 为吻合一般；stress>0. 3 为吻合较差。采用群落结构序列分析方法（MDS）的结果显示，其 stress 值为 0. 01，图形吻合极好，结果可信，而且与聚类分析结果一致（图 1-10）。

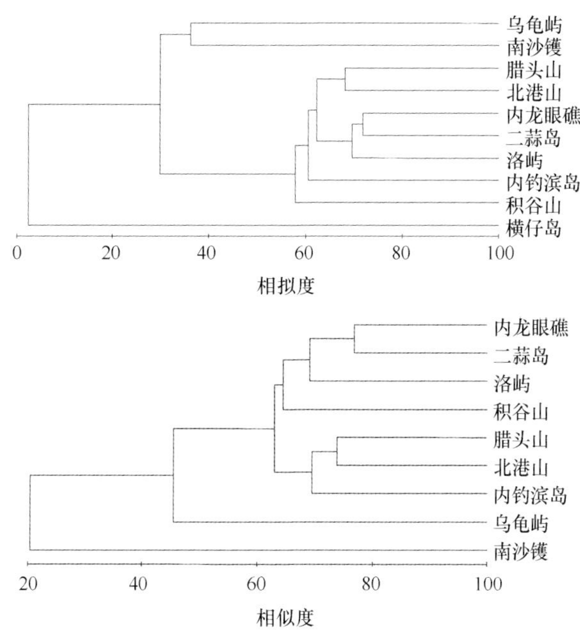

图 1-9　温岭海岛秋季潮间带大型底栖生物的等级聚类

3. 2. 1. 6　各断面潮间带大型底栖生物的 ABC 曲线分析

丰度生物量比较法（ABC）由英国人 Warwick 提出，因能反映污染物的实际效应，反映环境中各种污染物协同与拮抗作用对生物的综合影响，尤其是轻度污染的长期效应，因此被认为是评价、监测海洋污染的行之有效的方法。一般认为稳定性较高的群落，其生物量曲线始终位于丰度曲线的上方，即丰度比生物量具有更高的多样性，一旦两条曲线相互交叉或重叠，说明群落受到扰动，群落稳定性下降，当丰度曲线始终位于生物量曲线上方时，则说明受到了严重扰动。温岭海岛潮间带大型底栖动物群落 ABC 曲线的结果见图 1-11。横仔岛、南沙镬与洛屿断面的丰度与生物量曲线有交叉和重叠，群落结构相对不稳定；积谷山断面和乌龟屿断面起点较近，说明受到干扰，其余 5 个断面的丰度与生物量曲线则没有交叉或重叠，生物量曲线始终位于丰度曲线上方，群落结构相

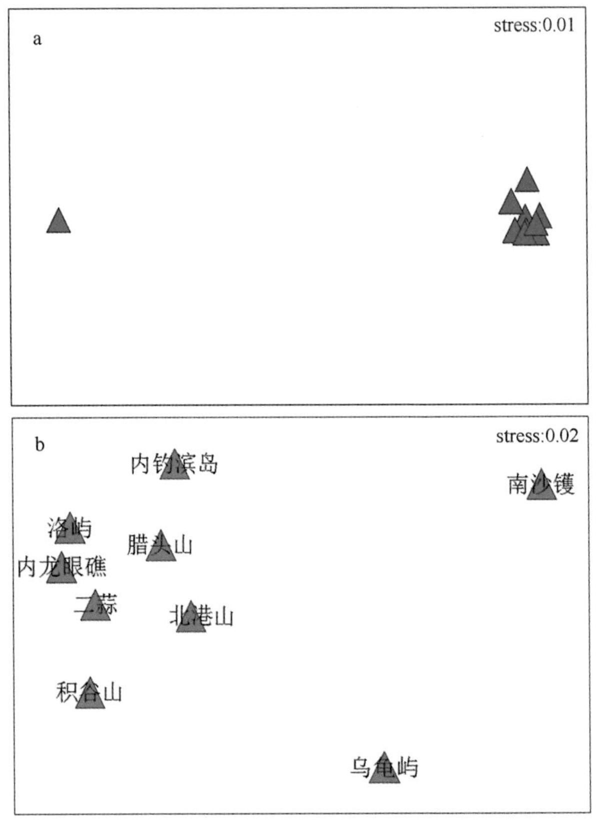

图 1-10　温岭海岛秋季潮间带大型底栖生物的 MDS 排序分析
（下图为除去泥质底横仔岛的结果）

对较稳定。

3.2.2　春季大型底栖生物分布特征

3.2.2.1　种类组成与分布

由表 1-7 可知，温岭 10 个海岛春季潮间带共有底栖生物 80 种，其中软体动物最多（32 种，占总种数的 40%），藻类 21 种（占总数的 26%），甲壳动物 13 种（占总数的 16%），环节动物 7 种（占总数的 9%），腔肠动物 6 种（占总数的 8%），纽形动物 1 种（占总数的 1%）（表 1-7 和图 1-12）。

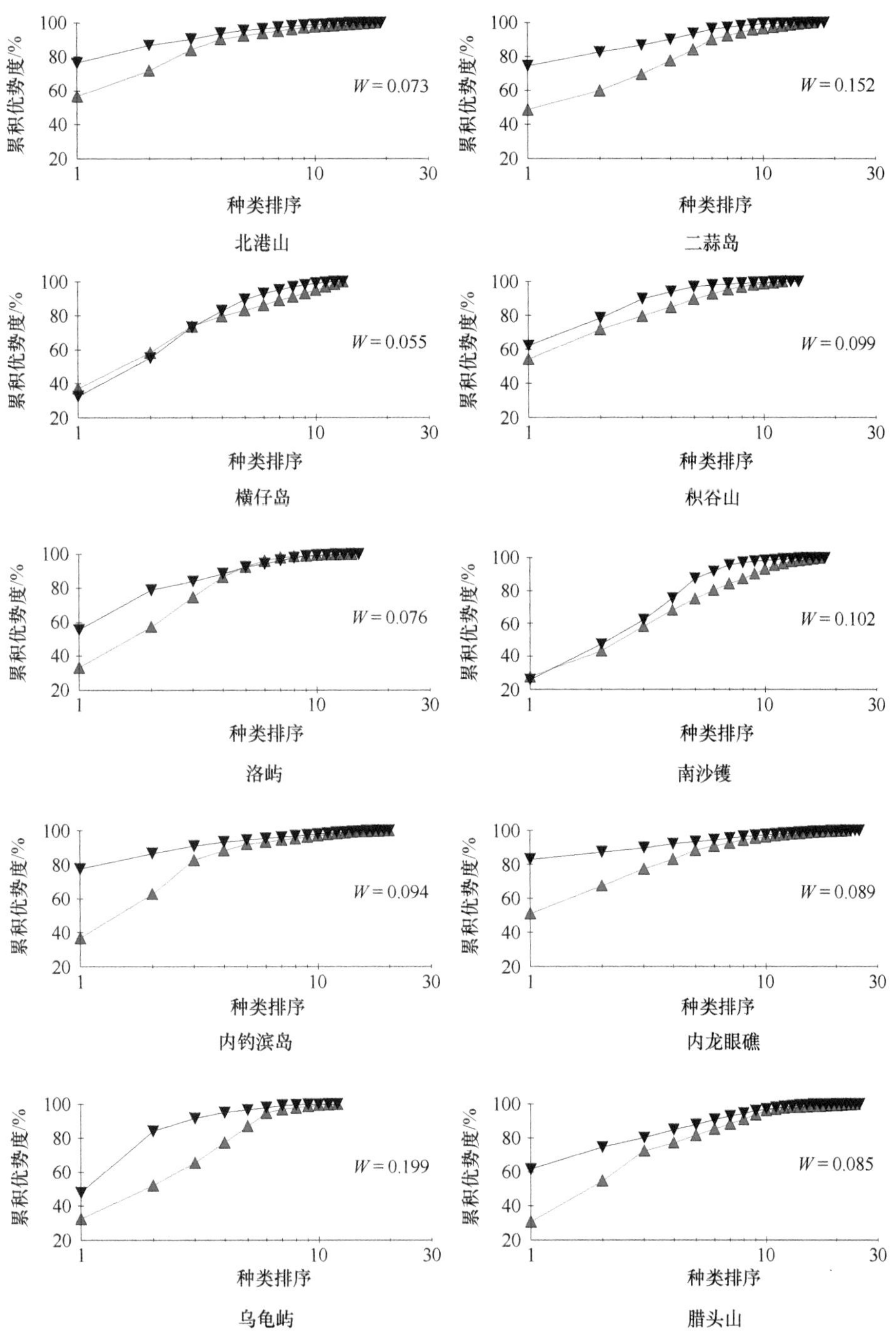

图 1-11 温岭海岛秋季潮间带大型底栖生物的 ABC 曲线

（▲栖息密度、▼生物量）

表 1-7　温岭海岛春季潮间带大型底栖生物各类群物种分布数

断面	藻类	腔肠动物	环节动物	软体动物	甲壳动物	其他动物	合计
北港山	3	0	0	12	6	0	21
二蒜岛	4	2	1	9	4	0	20
横仔岛	1	0	2	6	2	1	12
积谷山	1	1	0	9	2	0	13
洛屿	6	3	1	11	7	0	28
南沙镬	6	3	1	10	2	0	22
内钓滨岛	2	2	1	13	3	0	21
内龙眼礁	12	3	3	10	6	0	34
乌龟屿	1	1	2	12	6	0	22
腊头山	2	2	2	16	4	0	26
总物种数	21	6	7	32	13	1	80

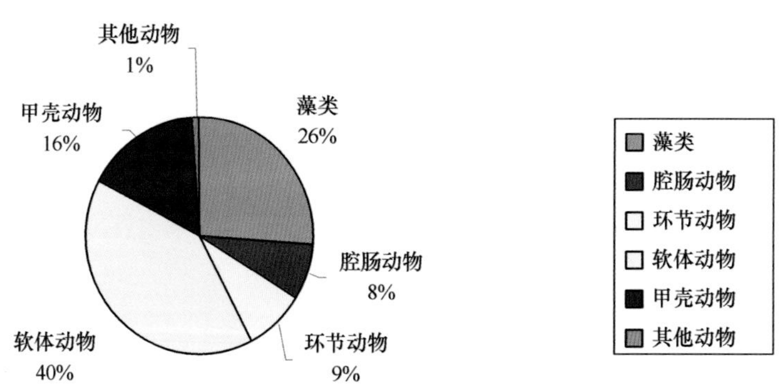

图 1-12　温岭海岛春季潮间带底栖生物各类群的种类数组成

从水平分布看，春季潮间带种类数以内龙眼礁最多（34 种，占总种数的 37.8%），其次为洛屿（28 种，31.1%），横仔岛最少（12 种，13.3%）（表 1-7 和图 1-13）。藻类为内龙眼礁 12 种，洛屿和南沙镬 6 种，二蒜岛 4 种，北港山 3 种，内钓滨岛和腊头山各 2 种，横仔岛、积谷山和乌龟屿各 1 种；腔肠动物为洛屿、南沙镬和内龙眼礁各 3 种，二蒜岛、内钓滨岛和腊头山各 2 种，积谷山和乌龟屿各 1 种，北港山和横仔岛无腔肠动物分布；环节动物为内龙眼礁 3 种，横仔岛、乌龟屿和腊头山各 2 种，二蒜岛、洛屿、南沙镬和内钓滨岛各 1 种，北港山和积谷山没发现；软体动物为腊头山 16 种，内钓滨岛 13 种，北港山和乌龟屿各

12 种，洛屿 11 种，南沙镬和内龙眼礁各 10 种，二蒜岛和积谷山各 9 种，横仔岛 6 种；甲壳动物为洛屿 7 种，北港山、内龙眼礁和乌龟屿各 6 种，二蒜岛和腊头山各 4 种，内钓滨岛 3 种，横仔岛、积谷山和南沙镬各 2 种。

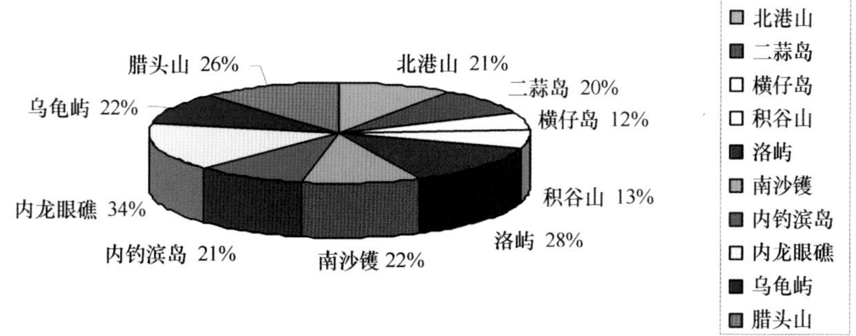

图 1-13 温岭海岛春季潮间带底栖生物种类数的水平分布

从表 1-8 和图 1-14 可知，温岭无居民海岛春季潮间带种类数的垂直分布由大到小依次为低潮区（54 种）、中潮区（45 种）、高潮区（26 种），其中藻类、软体动物和甲壳动物由大到小依次为低潮区、中潮区（20 种）、高潮区，腔肠动物为低潮区大于中潮区和高潮区，环节动物为中潮区大于高潮区和低潮区。

表 1-8 温岭海岛春季潮间带大型底栖生物各类群物种垂直分布

潮区	藻类	腔肠动物	环节动物	软体动物	甲壳动物	其他动物	合计
高潮区	2	1	2	17	4	0	26
中潮区	8	1	5	20	8	1	45
低潮区	13	5	2	25	9	0	54

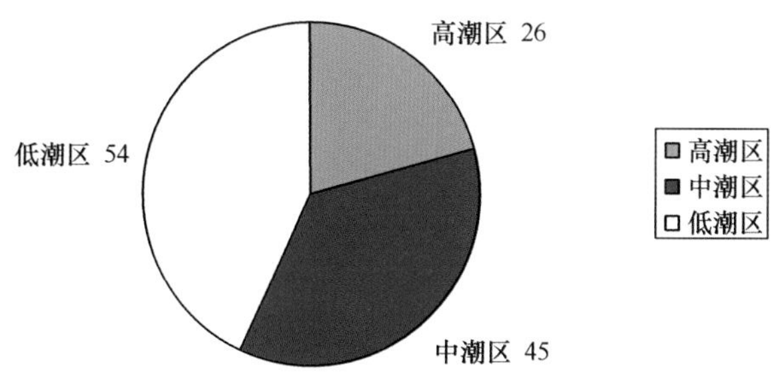

图 1-14 温岭海岛春季潮间带底栖生物种类数的垂直分布

3.2.2.2 群落特点及优势种

从表 1-9 可知，以 *IRI*≥500 为主要优势种，各岛屿的优势种不尽相同。积谷山、洛屿、北港山和二蒜岛为藤壶—荔枝螺群落，主要优势种为日本笠藤壶和疣荔枝螺；南沙镬为藤壶—贻贝—荔枝螺群落，主要优势种为日本笠藤壶、条纹隔贻贝 *Septifer virgatus*、疣荔枝螺、日本菊花螺 *Siphonaria japonica* 和嫁䗩 *Cellana toreuma*；腊头山为荔枝螺—藤壶群落，主要优势种为疣荔枝螺、日本笠藤壶、嫁䗩、青蚶 *Barbatia obliquata* 和日本菊花螺；内钓滨岛为荔枝螺—藤壶群落，主要优势种为疣荔枝螺、日本笠藤壶、锈凹螺 *Chlorostoma rustica*、嫁䗩、粒花冠小月螺 *Lunella coronata granulata* 和青蚶；乌龟屿为荔枝螺—荞麦蛤—藤壶群落，主要优势种为疣荔枝螺、黑荞麦蛤 *Xenostrobus atratus*、日本笠藤壶和青蚶；内龙眼礁为藤壶—贻贝群落，主要优势种为日本笠藤壶、条纹隔贻贝和疣荔枝螺；横仔岛为蟹守螺—沼螺群落，主要优势种为珠带拟蟹守螺 *Cerithidea cingulata*、短拟沼螺 *Assiminea brevicula*、长脚长方蟹 *Metaplax longipes*、淡水泥蟹 *Ilyoplax tansuiensis* 和半褶织纹螺 *Nassarius* (*Zeuxis*) *sinarus*。

3.2.2.3 群落的数量组成与分布

从表 1-10、表 1-11 和图 1-15 可知，温岭海岛潮间带底栖生物的平均生物量和丰度分别为 1 350.81 g·m^{-2}和 659.9 ind·m^{-2}；其中平均生物量由大到小依次为甲壳动物、软体动物、藻类、腔肠动物、环节动物。丰度由大到小依次为软体动物、甲壳动物、环节动物、腔肠动物。各岛屿的生物量和丰度组成存在差异，生物量由大到小依次为内龙眼礁（3 058.82 g·m^{-2}）、二蒜岛（2 658.21 g·m^{-2}）、洛屿（2 458.10 g·m^{-2}）、北港山（1 846.73 g·m^{-2}）、积谷山（1 132.20 g·m^{-2}）、南沙镬（800.74 g·m^{-2}）、乌龟屿（627.33 g·m^{-2}）、腊头山（431.31 g·m^{-2}）、内钓滨岛（358.52 g·m^{-2}）、横仔岛（136.20 g·m^{-2}）；丰度由大到小依次为乌龟屿（2 006.6 ind·m^{-2}）、内龙眼礁（1 253.3 ind·m^{-2}）、北港山（617.3 ind·m^{-2}）、二蒜岛（546.6 ind·m^{-2}）、洛屿（537.2 ind·m^{-2}）、南沙镬（386.7 ind·m^{-2}）、积谷山（384.0 ind·m^{-2}）、腊头山（336.0 ind·m^{-2}）、横仔岛（314.6 ind·m^{-2}）、内钓滨岛（215.9 ind·m^{-2}）。

表 1–9 温岭海岛春季潮间带春季大型底栖生物优势种及其优势度（*IRI*）

种 名	积谷山	洛屿	南沙镬	北港山	腊头山	二蒜岛	内钓滨岛	乌龟屿	内龙眼礁	横仔岛
日本笠藤壶 *Tetraclita japonica*	12 214. 19	9 591. 73	2 890. 46	14 162. 64	2 070. 96	13 785. 15	1 833. 29	1 792. 06	9 070. 77	—
疣荔枝螺 *Thais clavigera*	621. 68	1 541. 54	1 716. 33	842. 42	2 366. 66	2 171. 81	4 436. 94	2 021. 89	531. 45	—
条纹隔贻贝 *Septifer virgatus*	—	—	2 495. 25	—	—	—	—	—	1 332. 94	—
日本菊花螺 *Siphonaria japonica*	—	—	893. 61	—	552. 16	—	—	—	—	—
嫁蝛 *Cellana toreuma*	—	—	800. 24	—	690. 32	—	676. 57	—	—	—
青蚶 *Barbatia obliquata*	—	—	—	—	650. 31	—	660. 47	547. 38	—	—
锈凹螺 *Chlorostoma rustica*	—	—	—	—	—	—	802. 67	—	—	—
粒花冠小月螺 *Lunella coronata granulata*	—	—	—	—	—	—	663. 95	—	—	—
黑荞麦蛤 *Xenostrobus atratus*	—	—	—	—	—	—		1 994. 93	—	—
珠带拟蟹守螺 *Cerithidea cingulata*	—	—	—	—	—	—	—	—	—	7 348. 60
短拟沼螺 *Assiminea brevicula*	—	—	—	—	—	—	—	—	—	1 328. 90
长脚长方蟹 *Metaplax longipes*	—	—	—	—	—	—	—	—	—	1 062. 50
淡水泥蟹 *Ilyplax tansuiensis*	—	—	—	—	—	—	—	—	—	891. 62
半褶织纹螺 *Nassarius*（*Zeuxis*）*sinarus*	—	—	—	—	—	—	—	—	—	553. 36

“—”表示 *IRI*<500.

表 1-10　温岭海岛春季潮间带大型底栖生物的生物量组成特征

潮区	类群	积谷山	洛屿	南沙镬	北港山	腊头山	二蒜岛	内钓滨岛	乌龟屿	内龙眼礁	横仔岛	平均
高潮区	软体动物	46.08	173.70	129.44	157.77	180.45	122.72	180.22	61.88	192.25	42.25	128.68
	甲壳动物	333.59	627.69	139.71	119.19	792.81	978.58	441.27	239.15	1561.41	0	523.34
	腔肠动物	0	0	3.51	0	0	0	0	0.65	0	0	0.42
	环节动物	0	0	0	0	0	0	0.34	0	0	2.79	0.31
	藻类	0	0	0.79	0	0	0	0	0	71.45	0	7.22
	合计	379.67	801.39	273.45	276.96	973.26	1 101.3	621.83	301.68	1 825.11	45.04	659.97
中潮区	软体动物	75.00	275.42	543.68	184.11	169.33	226.90	317.51	512.18	735.12	4.23	304.35
	甲壳动物	2 745.05	5 547.41	1 178.05	2 383.79	4.32	5 623.21	0	735.64	3 718.16	6.66	2 194.23
	腔肠动物	0	0	0	0	0	3.81	0	0	6.25	0	1.01
	环节动物	0	0.49	0.71	0	0.08	0.19	0	0.84	2.32	2.06	0.67
	藻类	0	23.26	214.51	1.03	30.08	14.60	0	0	0	0.33	28.38
	合计	2 820.05	5 846.58	1 936.95	2 568.93	203.81	5 868.71	317.51	1 248.66	4 461.85	13.28	2 528.63
低潮区	软体动物	68.08	18.16	110.10	90.17	92.98	165.84	136.23	331.62	433.09	286.39	173.27
	甲壳动物	125.68	7.07	0	2 576.97	0	756.66	0	0.03	2 060.43	63.87	559.07
	腔肠动物	0	24.41	9.61	0	23.80	12.12	0	0	100.43	0	17.04
	环节动物	0	0	0	0	0.07	0	0	0	5.62	0	0.57
	藻类	3.11	676.70	72.13	27.13	0	69.99	0	0	289.89	0	113.90
	合计	196.87	726.34	191.84	2 694.27	116.85	1 004.61	136.23	331.65	2 889.46	350.26	863.84

续表

潮区	类群	积谷山	洛屿	南沙镬	北港山	腊头山	二蒜岛	内钓滨岛	乌龟屿	内龙眼礁	横仔岛	平均
平均	软体动物	63.05	155.76	261.07	144.02	147.59	171.82	211.32	301.89	453.49	110.96	202.10
	甲壳动物	1 068.11	2 060.72	439.25	1 693.32	265.71	2 452.82	147.09	324.94	2 446.67	23.51	1 092.21
	腔肠动物	0	8.14	4.37	0	7.93	5.31	0	0.22	35.56	0	6.15
	环节动物	0	0.16	0.24	0	0.05	0.06	0.11	0.28	2.65	1.62	0.52
	藻类	1.04	233.32	95.81	9.39	10.03	28.20	0	0	120.45	0.11	49.83
	合计	1 132.20	2 458.10	800.74	1 846.73	431.31	2 658.21	358.52	627.33	3 058.82	136.2	1 350.81

注：生物量单位为 $g \cdot m^{-2}$。

表 1-11 温岭海岛春季潮间带大型底栖生物丰度组成特征

潮区	类群	积谷山	洛屿	南沙镬	北港山	腊头山	二蒜岛	内钓滨岛	乌龟屿	内龙眼礁	横仔岛	平均
高潮区	软体动物	100	248	208	128	524	200	188	892	772	96	335.6
	甲壳动物	124	120	28	60	236	192	124	84	464	0	143.2
	腔肠动物	0	0	4	0	0	0	0	4	0	0	0.8
	环节动物	0	0	0	0	0	0	4	0	0	16	2.0
	合计	224	368	240	188	760	392	316	980	1 236	112	481.6
中潮区	软体动物	148	308	552	144	120	200	196	4 364	668	48	674.8
	甲壳动物	688	876	172	648	20	780	0	324	1 032	16	455.6
	腔肠动物	0	0	0	0	0	4	0	0	8	0	1.2
	环节动物	0	4	12	0	12	4	0	24	32	48	13.6
	合计	836	1 188	736	792	152	988	196	4 712	1 740	112	1 145.2

续表

潮区	类群	积谷山	洛屿	南沙镬	北港山	腊头山	二蒜岛	内钓滨岛	乌龟屿	内龙眼礁	横仔岛	平均
低潮区	软体动物	68	36	176	116	60	152	136	324	328	496	189. 2
	甲壳动物	24	16	0	756	0	96	0	4	380	224	150
	腔肠动物	0	4	8	0	24	12	0	0	48	0	9. 6
	环节动物	0	0	0	0	12	0	0	0	28	0	4
	合计	92	56	184	872	96	260	136	328	784	720	352. 8
平均	软体动物	105. 3	197. 3	312. 0	129. 3	234. 7	184. 0	173. 3	1 860	589. 3	213. 3	399. 9
	甲壳动物	278. 7	337. 3	66. 7	488. 0	85. 3	356. 0	41. 3	137. 3	625. 3	80. 0	249. 6
	腔肠动物	0	1. 3	4	0	8. 0	5. 3	0	1. 3	18. 7	0	3. 9
	环节动物	0	1. 3	4	0	8. 0	1. 3	1. 3	8. 0	20. 0	21. 3	6. 5
	合计	384. 0	537. 2	386. 7	617. 3	336	546. 6	215. 9	2 006. 6	1 253. 3	314. 6	659. 9

注：丰度单位为 ind · m^{-2}。

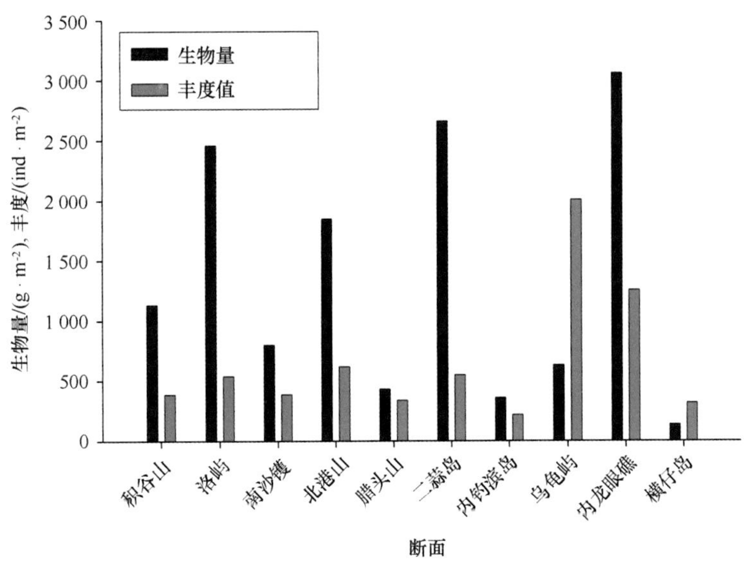

图 1-15　温岭海岛春季潮间带底栖生物的生物量和丰度

总体而言，平均生物量由大到小依次为中潮区（2 528.63g · m^{-2}）、低潮区（863.84 g · m^{-2}）、高潮区（659.97 g · m^{-2}）（表 1-10 和图 1-16），平均丰度由大到小依次为中潮区（1 145.2 ind · m^{-2}）、高潮区（481.6 ind · m^{-2}）、低潮区（352.8 ind · m^{-2}）（表 1-11 和图 1-17）。从底栖生物各类群的生物量而言（图 1-16），软体动物由大到小依次为中潮区（304.35 g · m^{-2}）、低潮区（173.27 g · m^{-2}）、高潮区（128.68 g · m^{-2}）；甲壳动物由大到小依次为中潮区（2 194.23 g · m^{-2}）、低潮区（559.07 g · m^{-2}）、高潮区（523.34 g · m^{-2}）；腔肠动物由大到小依次为低潮区（17.04 g · m^{-2}）、中潮区（1.01 g · m^{-2}）、高潮区（0.42 g · m^{-2}）；环节动物由大到小依次为中潮区（0.67 g · m^{-2}）、低潮区（0.57 g · m^{-2}）、高潮区（0.31 g · m^{-2}）；藻类由大到小依次为低潮区（113.90 g · m^{-2}）、中潮区（28.38 g · m^{-2}）、高潮区（7.22 g · m^{-2}）（表 1-10）。丰度而言，软体动物由大到小依次为中潮区（674.8 ind · m^{-2}）、高潮区（335.6 ind · m^{-2}）、低潮区（189.2 ind · m^{-2}）；甲壳动物由大到小依次为中潮区（455.6 ind · m^{-2}）、低潮区（150.0 ind · m^{-2}）、高潮区（143.2 ind · m^{-2}）；腔肠动物由大到小依次为低潮区（9.6 ind · m^{-2}）、中潮区（1.2 ind · m^{-2}）、高潮区（0.8 ind · m^{-2}）；环节动物由大到小依次为中潮区（13.6 ind · m^{-2}）、低潮区（4.0 ind · m^{-2}）、高潮区（2.0 ind · m^{-2}）（表 1-11）。

从各断面的生物量看，高潮区为内龙眼礁最高，横仔岛最低；中潮区为二

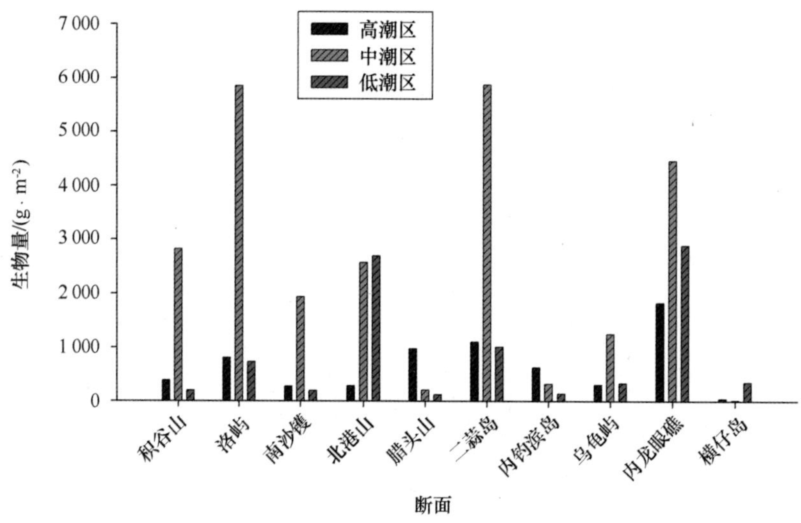

图 1-16 温岭海岛春季各潮区大型底栖生物的生物量组成

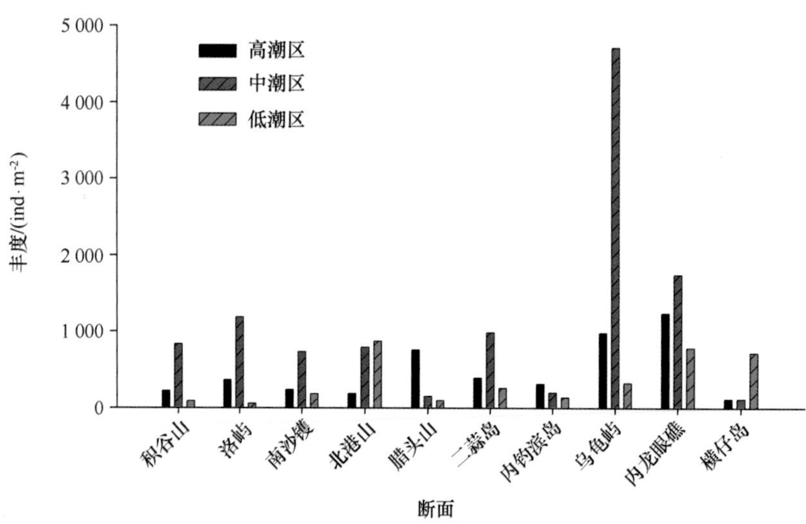

图 1-17 温岭海岛春季各潮区大型底栖生物的丰度组成

蒜岛最高，洛屿与二蒜岛较接近，横仔岛最低；低潮区为内龙眼礁最高，其次为北港山，腊头山最低。丰度为高潮区内龙眼礁最高，横仔岛最低；中潮区为乌龟屿最高，横仔岛最低；低潮区为北港山最高，洛屿最低。

3.2.2.4 多样性指数

基于生物量为基础的 Shannon-Wiener 指数（H'）、Margalef 丰富度指数（d）和 Pielou 均匀度指数（J）见表 1-12。平均 H'、d 和 J 分别为 1.304±0.908、

2.073±1.086 和 0.615±0.527。各断面 H' 值由大到小依次为内钓滨岛、乌龟屿、南沙镬、腊头山、洛屿、二蒜岛、北港山、积谷山、横仔岛、内龙眼礁；J 值由大到小依次为内龙眼礁、横仔岛、内钓滨岛、乌龟屿、腊头山、南沙镬、二蒜岛、洛屿、积谷山、北港山；d 值由大到小依次为乌龟屿、腊头山、南沙镬、洛屿、内钓滨岛、二蒜岛、北港山、积谷山、横仔岛、内龙眼礁。

表 12　温岭海岛春季潮间带底栖生物的群落多样性指数（以生物量为基础）

种类	积谷山	洛屿	南沙镬	北港山	腊头山	二蒜岛	内钓滨岛	乌龟屿	内龙眼礁	横仔岛
H'	0.514	1.010	2.147	0.613	2.134	0.709	2.703	2.321	0.400	0.490
J	0.162	0.227	0.497	0.157	0.502	0.270	0.692	0.529	1.561	1.552
d	1.186	2.792	2.970	1.935	3.115	2.238	2.503	3.250	0.310	0.433

3.2.2.5　群落结构分析

基于生物量为基础的潮间带大型底栖生物群落特征聚类分析显示，相似度大于 55%时可聚为 4 组，第一组为南沙镬、洛屿、内龙眼礁、二蒜岛、北港山和积谷山聚为一类；第二组为内钓滨岛和腊头山聚为一类；第三组为乌龟屿；第四组为横仔岛。相似度为 50%时，可分为三组，横仔岛聚类距离最远，其次为乌龟屿，其余所有断面均聚为一组（图 1-18）。

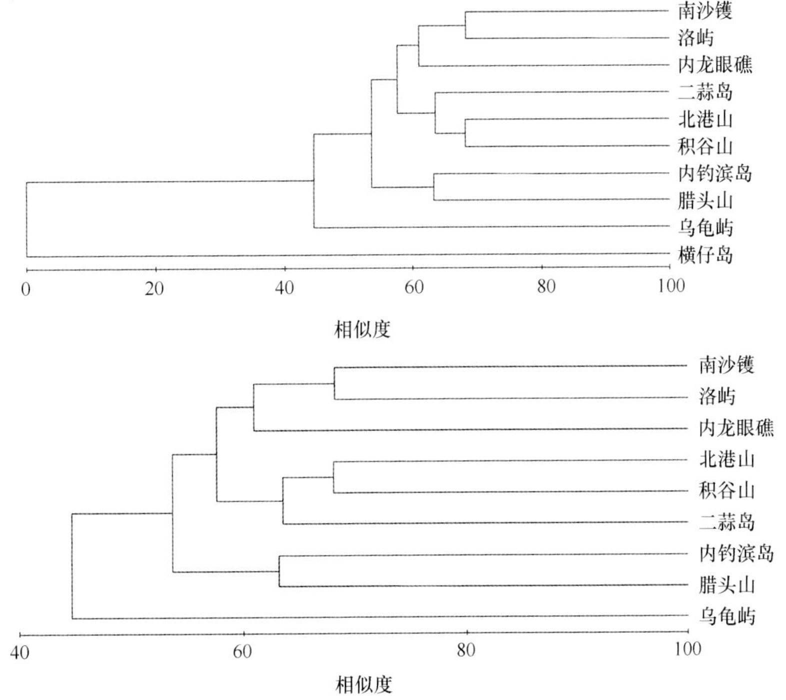

图 1-18　温岭海岛春季潮间带大型底栖生物群落的 Bray-Curtis 聚类

（下图为除去泥质底的横仔岛的结果）

根据 Clarke 和 Warwick（1994）认为，当 stress（胁强系数）<0.05 为吻合极好；stress<0.1 为吻合较好；stress<0.2 为吻合一般；stress>0.3 为吻合较差。温岭海岛潮间带春季的胁强系数为 0.01，说明吻合较好。半度量多维标度（MDS）也表明各断面群落结构也分为三类（图 1-19），与聚类分析相似度为 50%的结果一致。

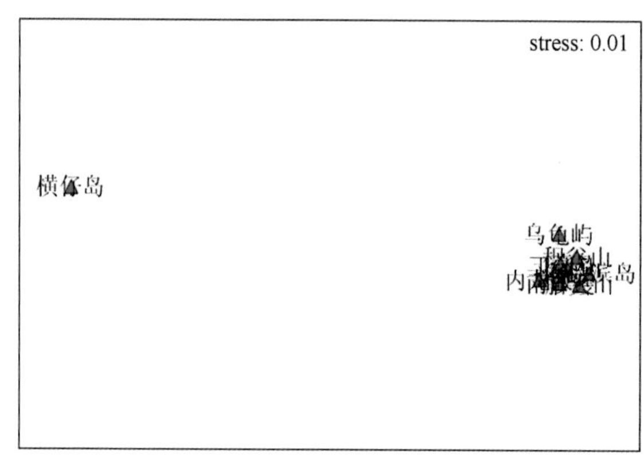

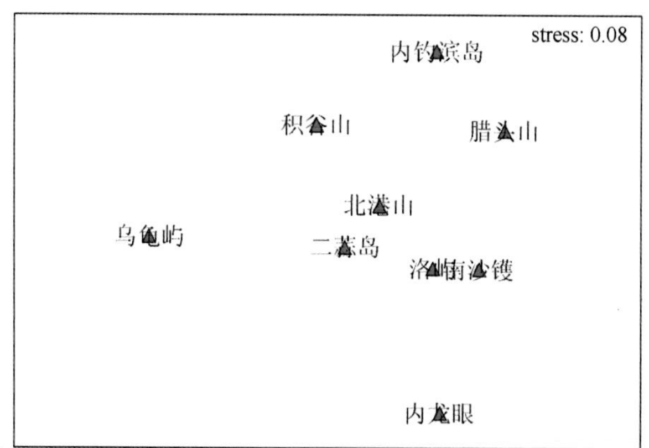

图 1-19　温岭海岛春季潮间带大型底栖生物群落的 MDS 排序分析

（下图为除去泥质底的横仔岛的结果）

3.2.2.6　ABC 曲线分析

根据温岭春季各断面大型底栖动物的丰度和生物量数据，ABC 曲线显示乌龟屿开始生物量低于丰度，随后交叉，生物量高于丰度；除乌龟屿断面外，其他断面的大型底栖动物生物量曲线均高于丰度曲线。北港山、二蒜岛、横仔岛、积谷山、腊头山、洛屿、内钓滨岛、内龙眼礁和南沙镬的 *W* 值均为正值，分别为 0.075、0.129、0.232、0.196、0.191、0.138、0.047、0.181 和 0.213，乌龟屿为-0.027。ABC 曲线图中 *W* 值表示两曲线的相距程度，*W* 为正或为负时分别表示生态环境趋好或趋坏，绝对值越大分别表示环境越好和越坏，说明乌龟屿已受到干扰。各断面生物量累积优势度大于75%（图1-20）。

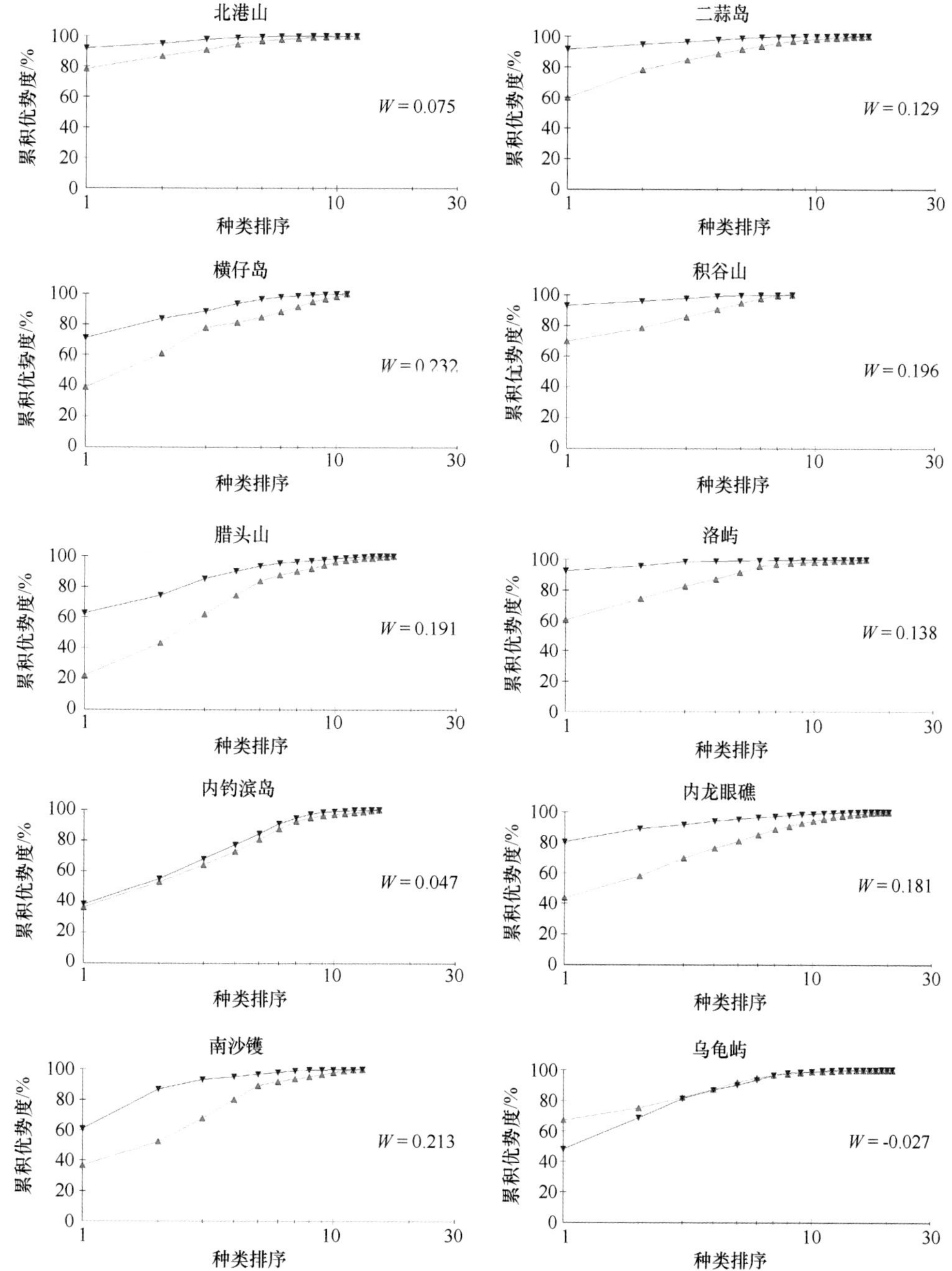

图1-20　海岛春季潮间带大型底栖生物的ABC曲线

（▲丰度，▼生物量）

3.3 讨论

3.3.1 潮间带大型底栖生物分布与生境、底质的关系

潮间带大型底栖生物种类分布反映了底栖群落生态系统的性质特点，由于潮间带生物生存环境的特殊性，其物种分布规律显著。潮间带底栖生物的生活空间受潮汐、波浪作用，又受到阳光、气温和盐度等因素的影响，生物的带状分布显著。以本次温岭海岛调查为例，秋季潮间带大型底栖生物平均生物量的垂直分布由大到小依次为中潮区（2 560.78 g · m^{-2}）、低潮区（1 700.29 g · m^{-2}）、高潮区（686.43 g · m^{-2}）；春季由大到小依次为中潮区（2 528.63 g · m^{-2}）、低潮区（863.84 g · m^{-2}）、高潮区（659.97 g · m^{-2}）。丰度的分布秋季由大到小依次为中潮区（1 086.13 ind · m^{-2}）、高潮区（596.29 ind · m^{-2}）、低潮区（545.33 ind · m^{-2}）；春季由大到小依次为中潮区（1 145.2 ind · m^{-2}）、高潮区（481.6 ind · m^{-2}）、低潮区（352.8 ind · m^{-2}），与黄雅琴等的研究结果一致。

另外，海岛的开敞度也会影响生物量的分布，并且开敞性岛屿断面的生物量一般都大于屏蔽性断面，如洛屿生物量（秋季为 3 821.10 g · m^{-2}；春季为 2 458.10 g · m^{-2}）都大于乌龟屿断面（508.42 g · m^{-2}；627.33 g · m^{-2}）。这主要是受风浪等环境因子的影响，一些喜浪生物（藤壶、贻贝）生活于此，个体大，分布密集；另外可能也与人为干扰有关，靠近近岸，人类活动频繁，受人为采集或生境破坏，致使群落结构不稳定，从而使生物量和栖息密度降低等。例如蔡如星等调查的舟山海域中的沈家门码头，由于渔船作业频繁，码头沉积了过多的污泥，不利于幼体附着，而且附近石油污染严重，生物量在调查区域中为最低。

潮间带不同的底质环境（如岩礁、泥质、沙质），不仅能够影响到底栖生物的种类分布，还能影响潮间带底栖生物生物量和栖息密度的分布，如岩礁海岸经常能看见集聚分布固着生活的藤壶和牡蛎等种类，致使单位面积内生物量和丰度值达到相当高的水平。此次调查的 10 条断面中，有 9 条岩礁相潮滩，1 条泥质潮滩。不管是生物量的分布还是丰度的分布，岩礁断面都要远远大于泥质断面。如岩礁断面中生物量和丰度分布最少的南沙镬（秋季为 362.80 g · m^{-2}，230.67 ind · m^{-2}；春季为 800.74 g · m^{-2}，386.7 ind · m^{-2}）都要大于位于乐清湾内的泥质断面横仔岛（21.39 g · m^{-2}，89.78 ind · m^{-2}；春季为 136.2 g · m^{-2}，314.6 ind · m^{-2}），这一结论与寿鹿等的研究结果基本一致。

3.3.2 温岭大型底栖生物群落结构变化

调查发现，生物量组成中软体动物最高；其次是藻类；再次是甲壳动物，其他各类群的生物量相对较低。在水平分布方面，岩礁断面的生物量最高，发现其种类组成中软体动物占据绝大多数，并且其主要优势种日本笠藤壶（积谷山春季优势度达 12 214.19）和疣荔枝螺（内钓滨岛春季优势度达 4 436.94）优势度很高，生物量巨大，且秋季和春季优势种不变；而泥质的横仔岛断面，秋季优势种主要为长脚长方蟹（优势度为 5 393.50）和彩虹明樱蛤（优势度为 1 462.81），春季优势种主要为珠带拟蟹守螺（优势度为 7 348.60）和短拟沼螺（优势度为 1 328.90）。由此可见，主要优势种拥有生物量的高低决定了断面总生物量的高低。此结论与高爱根等在海州湾的实验结果相一致，生物量最高的断面中软体动物的生物量占据了总生物量的 85%。而在垂直分布方面，低潮区丰度明显低于其他潮区，出现这种情况主要是低潮区藻类分布较多，而藻类在栖息密度中并没有统计在内；另外与优势个体的大小也有关，个体越大，栖息密度越低。

物种多样性指数综合反映了群落内物种的丰富度和异质性，数值越大，表明群落的异质性越高。物种多样性指数受生态系统生物和非生物因子的双重影响。当多样性指数大于 3 时，说明群落结构稳定，小于 3 大于 2 时说明受到了轻度干扰，小于 2 大于 1 时，说明受到了中度干扰，小于 1 时则受到了严重干扰，本次调查的断面中，秋季南沙镬和腊头山两个断面多样性指数小于 3 大于 2，而春季还增加了内钓滨岛和乌龟屿两个断面，受到了轻度干扰，而其他 8 个断面秋季都小于 2 大于 1，受到了中度干扰，而春季均小于 1，受到严重干扰。可以看出，温岭海岛潮间带大型底栖生物群落受到了一定程度的人为干扰。

目前，除了利用多样性指数来评价群落结构的差异性，我们还可以采用多元分析的手段或者聚类分析的方法。等级聚类分析和 MDS 方法在群落生态研究中广泛被采用，对于差异较大的样本群尤其适宜。本研究中，秋季 10 个断面根据相似度为 50%时，秋季可以分为 4 个组，第一个组中腊头山等 7 个断面的相似度接近 60%；第二组为乌龟屿，第三组南沙镬断面，最后一个组为泥质底的横仔岛断面；春季可分为 3 组，横仔岛聚类距离最远，其次为乌龟屿，其余所有断面均聚为一组。横仔岛的底质属于泥质，与其他 9 个岩礁断面生长的群落种类完全不一致，相似度为 0。从结果来看温岭海岛潮间带大型底栖动物群落结构稳定性差，这从 MDS 图中也可以看出。

3.3.3 人类活动对大型底栖生物的影响

潮间带是一个生境多样化的敏感的生态系统，其稳定性并不高，而且很容易受到人类活动的影响。近年来，随着经济的快速发展，人民生活水平不断提高，饮食习惯也发生了很大的改变，海产品也更受到了人们的青睐。于是一些渔民为满足自身利益，大量开展以大型底栖生物为采捕对象的捕捞作业。结果致使一些经济型物种数量不断减少，造成了其他非采捕种迅速繁殖生长，进而代替采捕种成为优势种，使得原本的群落生态系统发生了巨大的结构变化，严重破坏了群落生态系统的稳定性。除此之外，伴随着经济的快速发展，工业污染越来越严重，大量排放的工业废水致使潮间带生态环境日趋恶化，群落多样性指数不断降低。再加上全球气候变暖等不利因素的综合影响，导致潮间带生物资源趋以单一化。例如徐小雨等研究发现，渔业养殖、水利工程、污染等人为干扰都会影响大型底栖生物的生存，长期的干扰甚至会改变大型底栖生物的群落结构。

不仅如此，受到人类活动影响后的群落生态系统还会产生一系列的生态响应。先从ABC曲线的分析结果来看，温岭海岛潮间带大型底栖生物群落受到了一定程度的污染，再从等级聚类分析的结果看，其群落生态系统结构稳定性差，各群落间的差距极为显著。这些现象都与频繁的人类活动所造成的影响有着密切的联系。侯森林等发现盐城自然保护区内部分物种被严重开发利用，以及人工围垦和外来物种的入侵都降低了物种数、生物多样性和群落结构的稳定性等。

4 海岛资源管理

4.1 海岛管理现状

所谓海岛管理，狭义上是指控制海岛污染、破坏、无序开发行为的各种措施。例如，通过制定法律、法规和标准，实施各种有利于海岛环境保护的方针和政策，控制各种污染物的排放，杜绝无序开发行为。而广义上则是指，遵循科学的发展观，按照经济规律和生态规律，运用行政、经济、法律、技术、教育和新闻媒体等手段，通过全面系统地规划，对人们的社会活动进行调整、约束与激励，改变经济增长方式，促进海岛产业全面、协调、可持续发展，达到即满足海岛地区人民生存和发展的基本需要，又不超过海岛环境容许的极限目标（叶文虎，2001）。而海岛生态系统管理的目标和意义在于保护海岛生命支持系统，保持海岛生态系统功能的完整性。必须加强我国海岛的生态系统综合管理，以此实现海岛的可持续发展。

由于中国长期存在“重陆轻海”的思想，在封建社会末期甚至还出现过“封海”的现象，因此历史上中国海岛管理工作比较落后。新中国成立后，海岛因为国防安全的需要，长期禁止对外开放，自我封闭使中国绝大部分海岛的社会经济现状都远落后于临近滨海地区。一直到20世纪80年代末期，中国的海岛工作才被提上议事日程。1988年，国家有关部门开展了全国海岛资源综合调查和开发试验，初步摸清了中国海岛的家底。根据调查结果国家先后建立了三批海岛开发、保护和管理试点（杨邦杰等，2009）。

2003年7月1日我国第一部针对海岛的国家制度《无居民海岛保护与利用管理规定》施行，这是我国无居民海岛利用活动逐步纳入法制化轨道的重要标志（宋婷等，2005）。2010年3月1日我国首部海岛资源利用、管理与保护方面的综合性法律《中华人民共和国海岛保护法》（以下简称《海岛保护法》）的正式施行，将有效地系统规范我国海岛开发利用行为，并从根本上改变目前我国海岛生态环境保护工作多处于地方政府部门的自发自治状态。它也是采取行之有效的管理措施来保护海岛生态系统、合理开发利用自然资源、促进经济社会的可持续发展的法律依据。存在着水资源严重短缺、生态系统十分脆弱、自然灾害频繁等诸多不利因素。目前中国海岛开发还处于起步阶段，大部分海岛开发程度不高，资源未能得到合理利用，经济效益较低。同时，大部分海岛的开发利用活动具有随意性，海洋意识和管理水平低。海岛开发许可制度和海岛开发协调机制不完善，海岛开发计划也很不科学。一般海岛重开发，轻保护，某些海岛资源、环境遭到严重的破坏，海岛的发展并不是可持续的。对海岛资源的综合调查工作开始于1988年，起步也较晚。因此，需要多借鉴国外的先进经验开展我国海岛生态系统的管理工作。

国家海洋局2007年全面启动了海岛规划、立法、政策研究和保护区建设等工作，制定完成了相关多项政策、规划和规章，对海岛生物多样性保护起到了重要作用。特别是为保护海岛生态与生物多样性，组织完成了《全国海岛特别保护区选划建设工作方案》，对具有重要生物多样性保护价值的海岛通过特别保护区形式实施保护。

海岛生态系统管理主要体现在保护和开发两方面。就保护而言，应充分保护现有各种资源，开发不能超越其利用阈值；就开发而言，应进行分类利用，搞好海岛区域规划，注重合理开发，营造良性生态循环推进海岛全面可持续发展（任海等，2004）。同时应加强监测，并识别海岛生态系统内部的动态特征，以便更好地对其进行管理。目前人类对海岛资源的利用主要体现两种模式：一种是传统的开发模式，即过度利用；一种是可持续发展的模式，即建立海洋保护区，制定完善的管理体系，实施可持续利用（图1-21）。随着社会经济的快速发展，海岛生态系统受人类开发的影响越来越严重，引发了一系列海岛生态系统方面的问题，甚至生态系统“死亡”。基于这样一种现状，从而激发了人们对可持续海岛管理的认识。因此如何维持海岛生态系统的良好状况，修复受损系统，促进海岛经济、社会和环境的可持续发展已经成为一个全球热点的问题。作为可持续发展概念的一个重要目标，维持海岛生态系统健康这一观念已成为科学家的共识，维持和恢复一个健康的生态系统已成为近年来海岛管理的重要目标（宋延巍，2006）。

因此，应严格贯彻执行《海岛保护法》，加强我国海岛综合管理对策的研究，实施海岛开发环评和许可制度，充分保护现有各种海岛资源，进行海岛分类利用，做好海岛区域规划，加强对海岛的开发利用过程，进行生态系统内部的动态监测，恢复退化的海岛生态系统，实现海岛的可持续发展（邓春朗等，1997）。

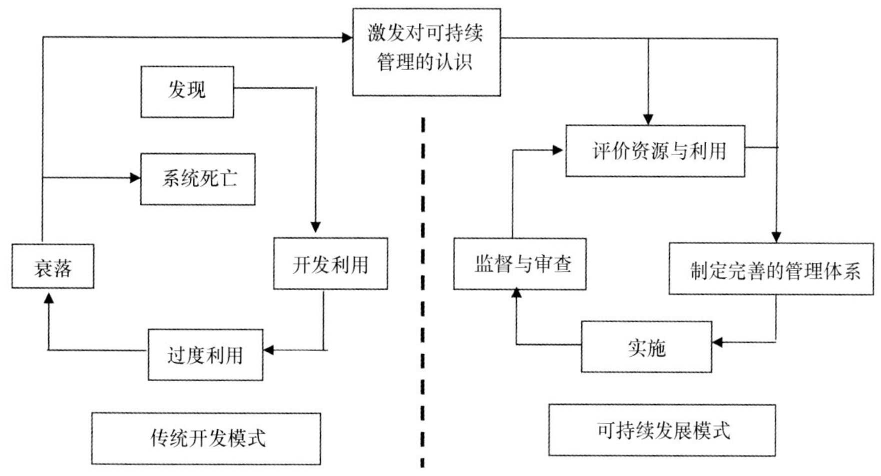

图 1-21 海岛资源利用的两种模式

资料来源：I. Dutton and K. Hotta，1995

4.2 海岛可持续发展的途径

随着海洋开发的深入进行，海岛正成为开发的热点之一。但目前海岛开发模式成功的经验不多，其大部分开发利用基本上仍处于无序、无度、无偿的随意状态，存在着诸多问题：如开发层次低下使得资源利用效率和经济效益较低；重开发，轻保护，环境质量日益下降，有些违背自然规律的掠夺性开发行为使得资源环境遭到严重破坏；开发缺乏科学依据和规划，盲目性较大等。常规的海岸与海岛开发模式无法适应海岛独特的区位、自然环境及生态条件。因此，为保护海岛独特而珍贵的海洋资源，实现其可持续发展，海岛的开发模式研究已成为当务之急。

海岛的保护与持续利用模式应当是开发和保护融为一体，既不能盲目开发，又不能消极保护，应坚持保护是开发的根本前提，在保护中开发，在开发中保护，走保护性开发的可持续发展之路，形成具有特色的海岛“保护性开发”。海岛的保护性模式如图 1-22 所示。对于当地条件和局部小气候较好，有淡水资源，离大陆或大岛较近的海岛，其开发模式应当体现生态环境效益、经济效益和社会效益的统一，优势资源与主导利用方向相一致，重点、综合利用、近期与远期相结合，科学规划与严格管理的原则；并从现代生态学的观点出发，选择既开发又保护，既利用又保育的最佳利用方案。即针对海岛面积小，生态脆弱，极容易受到损害的特殊性，建议开发时应遵循自然规律，按照生态环境效益优先的原则，确定各指标层的重点排序，实行持续性生态系统建设，内容包括景观生态设计与建设、海域及土地系统生态设计与建设、现代化集约持续农牧业、“水（淡水资源）、土、气”环境净化等。

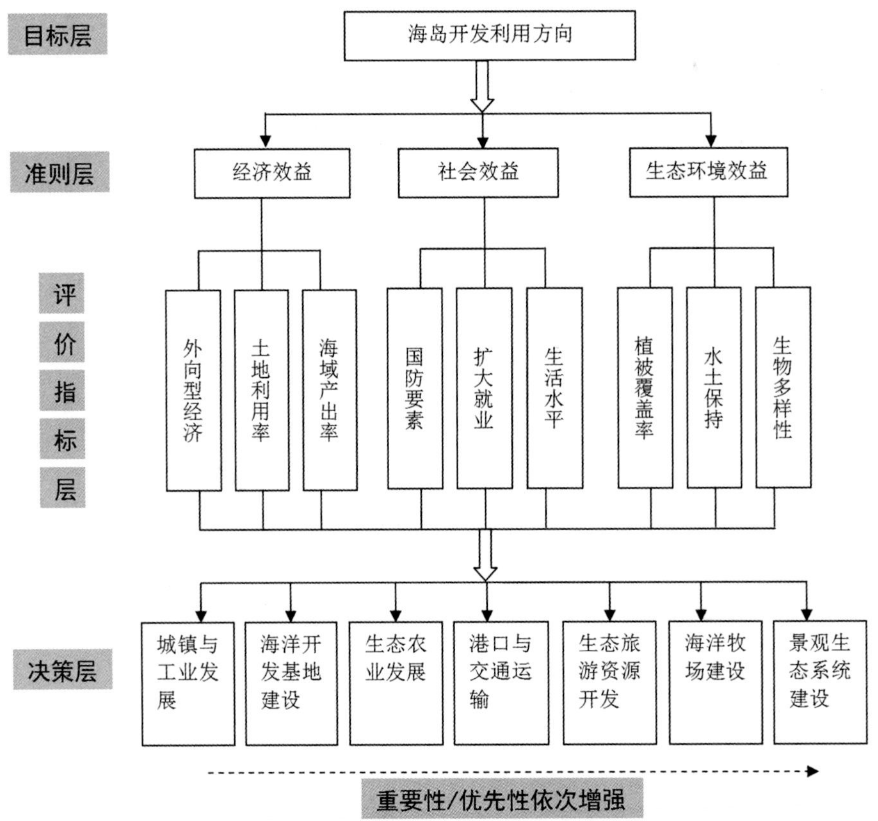

图 1-22　海岛可持续利用概念框架

对于那些立地条件差、岩石裸露和水资源缺乏的微型海岛，首先应当积极保护岛上现有的植被资源和野生动物，搞好绿化，特别强调景观生态系统建设，以利于保土、保水（淡水资源）、保岛，或建立景观生态保护区实行全面永久性保护，或待有条件时再行开发。

5 海岛开发和保护利用建议

党的十六大和十七大相继确立了“实施海洋开发”和“发展海洋产业”的战略，浙江省委省政府高度重视海洋工作，把“大力发展海洋经济”作为拓展海洋空间、提升发展水平的重要突破口。2010年3月初，国家发改委发函把浙江省确定为转变经济发展方式综合试点省。具体试点内容包括加快推动以中心镇新型城市化，大力建设海洋经济发展等。而浙江省省长吕祖善也强调：“十二五”时期，海洋经济发展带要成为浙江经济发展的重要增长极。浙江地处全国黄金海岸的中段，介于长江三角洲和珠江三角洲两个中国经济最具活力的经济圈之间，并濒临即将建设的“海峡经济圈”，所处区域系中国经济最活跃和最发达的地区之一。海岛是浙江省海洋经济发展的重要战略空间和要素支撑。《中华人民共和国海岛保护法》正式实施生效，将对浙江省海岛资源保护与可持续利用起到至关重要的作用，对落实国家和浙江省有关政策提供了法律支持，为指导和规划浙江省海洋经济的发展和海洋经济产业带的建立提供了依据。基于海岛对海洋经济发展的重要地位，就海岛开发和保护提出以下几点建议，希望得到国家、省在政策导向、科技支撑、资金投入等方面的大力支持。

5.1 贯彻《中华人民共和国海岛保护法》，提高全民海岛海洋意识

海岛建设与管理是国家和谐社会建设的重要组成部分，需要全社会共同关注和推进。由于受旧思想观念的影响，海岛意识比较淡薄，海岛知识较为缺乏，历来存在着重大岛（有居民海岛）、轻小岛（无居民海岛）的观念，认为小岛处于“分散、孤立、困难”状态，对其优势、开发地位和作用缺乏必要的认识。要加大宣传教育的力度，通过专题报告会、媒体专访、户外广告、广播宣传等多种形式，大力宣传《中华人民共和国海岛保护法》，增进社会公众对海岛和海岛文化的了解，在全社会形成关心海岛、保护海岛，共同促进海岛发展的良好氛围。使全社会尤其是各级管理部门增强对无居民海岛的保护意识，统一认识，充分挖掘海岛资源的开发潜力，不断提高无居民海岛的国土资源意识和海洋经济意识，积极树立全局观念，加强部门间协作，把无居民海岛的保护和利用工作当作促进海洋经济可持续发展的重要任务加以落实。

5.2 实行统一规划，科学管理

2008 年，“国家海岛规划与保护研究中心”在厦门成立，这意味着我国对海岛的资源保护和开发非常重视。沿海各省、市、自治区纷纷制定了“海岛保护与利用规划”。各县也要实施统一规划，科学管理，与浙江省无居民海岛保护与利用规划相衔接，并且要符合国民经济和社会发展规划，城市总体规划和海洋功能区划要求，使无居民海岛开发与沿海经济协调发展。根据规划的功能分类体系，加强保护类海岛、保留类海岛和利用类海岛 3 个大类、共计 14 个小类的科学管理。加强海岛开发的监管力度，从根本上改变海岛“无序、无度”的利用现状，形成符合可持续发展要求的海岛保护与利用格局，使无居民海岛资源得到有序、有度、科学、合理地开发利用，并形成无居民海岛开发与管理的良性循环，发挥出无居民海岛资源的优势和海岛资源开发利用的整体效益，并实现符合可持续发展要求的海岛生态系统，促进海洋经济的可持续发展。

5.3 发展海岛休闲、观光和生态特色旅游

浙江省海洋旅游资源丰富，种类较为齐全，其区位特征是优势资源集中于海岛。这与《全国海洋经济发展规划纲要》中明确提出的发展海岛休闲、观光和生态特色旅游的目标明显滞后。旅游业作为“朝阳产业”和“无烟工业”，它以投资少、见效快、效益高、无污染等特点成为海岛经济发展新的增长点。海岛旅游作为世界盛行的滨海旅游重要组成部分，以其丰富的自然生态景观和独特的海岛人文资源吸引着游人。

5.4 开展海岛可再生能源利用技术产业化

海岛基础设施较差，特别是交通、电力和淡水设施不足，严重制约了对海岛的保护与开发。强化海岛可再生能源技术的实用化，利用太阳能、风能、波浪能建立可再生独立能源电站，将是未来温州海岛发展的一个重要方向。风力发电是人类用之不竭的无污染可再生能源，也是洁净能源。2009 年在广东担杆岛可再生独立能源系统成功试运行，标志着海岛能源开发获得了重大突破，为浙江省海岛可再生能源开发树立了榜样。浙江省海岛是风能资源比较丰富的区域，风能密度为 200~300 W/m^2，大多数海岛都可满足建设风电项目的基本气象条件。另外利用风能作为海水淡化的动力能源是目前较新颖的一项成果，将风

力发电与海水淡化装置组合技术转化，从目前经济技术条件和成本效益角度出发是较经济的方式。但这种新型技术的开发和投入，需要大量科技支撑和经费支持，应该列入国家未来海岛开发的重点支持项目。

5.5 建立和完善一批海岛保护区和增殖区

无居民海岛由于受地理位置、自然环境等因素的影响，生态系统脆弱，生物种群相对孤立，生态平衡一旦遭到破坏就很难恢复，因此对无居民海岛资源的保护显得尤为重要与迫切。《国家海洋事业发展规划纲要》将“海洋生态保护与修复”列为国家海洋事业发展的重要任务之一，要求“加强海洋生物多样性、重要海洋生境和海洋景观的保护”，保护区总面积达到管辖海域面积的5%。浙江省保护区建设还有待进一步加强，围绕省级规划和市级海岛规划提出的需要重点保护的岛群，新增1~2个海洋特别保护区和增殖放流保护区。开展重点区域和重点海岛的生态修复工程，初步建立海洋生态环境保护区体系；建立和完善各类保护区管理机构，明确相关保护与管理政策，建立保护区保护管理网络，基本实现保护区各项保护目标。

5.6 发展海岛区深水网箱养殖

近年来随着人们生活水平的提高和消费观念的更新，鲜活海水鱼消费量以惊人的速度递增，而近海渔业资源继续衰减，利用得天独厚的区位优势发展深水网箱养殖势在必行。深水网箱是目前国内外先进的海水养鱼方式，与传统网箱相比，具有养殖鱼类生长快、品质优、病害少、成活率高、环境污染小、经济效益明显等许多优点，有着良好的开发前景。温岭海岛众多，所辖海域面积广，具有发展深水网箱养殖的天然条件。但深水网箱还是存在养殖技术有待完善和提升、产业链（群）有待高位连接等问题。因此，建立深水网箱养殖产业链，对解决目前深水网箱的集约化养殖技术中所存在的问题，提升养殖效率，以及完善深水网箱的制作工艺的同时开展深水网箱配套设施的研制，将成熟的单项高新技术进行组装，这一系列工作还有待进一步加大研究和开发。

5.7 加强海岛科学研究，建立海岛开发利用风险评估体系

由于历史原因，海岛开发利用工作起步较晚，起点较低。相应研究工作的开展也不系统，没有专门的海岛研究机构，也没有对海岛相关学科的系统论述。

通过海岛多学科综合调查，包括海岛植被、潮间带生物、鸟类等，建立信息数据库，实现温岭海岛调查资料的全面、及时地更新，为我国沿海地区进行海岛综合管理、环境保护和合理利用等提供基础数据和科学依据，实现海岛环境资源保护和开发的协调统一。另外海岛的开发利用应建立在特定海岛开发利用风险评价基础上，利用遥感手段分析海岛景观、海岛生态、海岛利用风险程度的关系，分析海岛开发利用威胁指数和强度指数，建立海岛开发利用风险评价模型，对海岛开发利用方案进行风险评估。对此建议采取以下措施：① 对所辖海域海岛资源在进行合理规划的同时，对特定岛屿的开发提出方案；② 借鉴环境评价机制和海域使用机制，建立海岛开发利用风险评价资质体系，使专业技术人员发挥应有的作用。

第二部分

温岭滩涂潮间带生物资源

1 引言

滩涂是海岸带平均高潮线与理论基准面零点之间的潮间带，又称海涂。能被人类改造利用的滩涂，称为滩涂资源。根据滩涂的物质组成成分，可分为岩质滩涂、沙质滩涂和泥质滩涂。滩涂是沿海地区的资源宝库，是中国重要的后备土地资源，具有面积大、分布集中、区位条件好、农牧渔业综合开发潜力大的特点。滩涂是一个处于动态变化中的海陆过渡地带。向陆方向发展，通过围垦、引淡洗盐，可以较快形成农牧渔业畜产用地；向海方向发展，可进一步成为开发海洋的前沿阵地。

潮间带位于生态交错地带，不仅受到海洋和陆地生态系统的双重影响，同时还面临着人类活动的干扰，是海洋中最为敏感的生态区域之一（庄树宏，2003）。潮间带泥沙质滩涂底质相对疏松，适合较多经济物种的养殖，近年来水产养殖业的发展给当地经济带来了快速提升，但随之而来的日渐频繁的人类活动（如工农业污水排放、围涂造地、围塘养殖等）致使许多潮间带区域景观破碎、群落演替衰退（赵永强，2009）。作为潮间带生态系统重要组成部分的大型底栖动物，其种类组成、数量变化和群落结构特征常被作为评价环境的一项关键指标（何明海，1989）。自从 Vaillant 和 Stephenson 开创潮间带生态学研究领域以来，国内已经有大量对潮间带生态学的研究，但是对温岭沿岸整体滩涂湿地的研究报道却并不多见（赵永强，2009），因此对潮间带大型底栖动物的研究具有十分重要的意义。

2 研究背景

在当前全球海洋时代背景下，中国立足本国实情，提出要“实施海洋开发、建设海洋强国”，而在此基础上，浙江省也根据本省海洋资源禀赋与海洋经济基础优势，提出了打造“海上浙江”的主导战略。这些重大战略的制定与推动，开发滩涂和无居民海岛成为中国和浙江省未来发展的热点领域。

（1）中国全面推进“海洋强国”战略，海岛成为发展热点。中国海域辽阔、海洋资源丰富，拥有 1.8 万 km 余绵长的大陆海岸线、超过 6 500 个面积在 500 m^2 以上的海岛、约 38 万 km^2 的领海、约 300 万 km^2 的主张管辖海域、约 70 万 km^2 的油气资源沉积盆地、约 400 亿 t 的海洋石油资源量，约 14 万亿 m^3 的天然气储量。随着中国国民经济与社会的快速发展，国家对海洋领域的开发与利用日益重视，自 2003 年的十届人大一次会议提出“西部大开发，东部大海洋”的总体设想，以及《全国海洋经济发展规划纲要》颁布实施以来，国家逐步建立起“实施海洋开发”、“建设海洋强国”的总体战略，并将其作为当前我国实施“和平崛起”的重要战略举措之一。在我国的“海洋强国”战略构想中，未来我国东部沿海地区，将形成一条集“高度开放的外向型经济带”、“技术密集的高新技术产业带”、“现代设施的港口城市连绵带”和“回归自然的旅游观光度假带”等多种功能于一体的“海洋第二经济带”，成为我国实现转型升级发展和构筑和谐社会的重要支撑。这一战略的实施，离不开对我国众多沿海岛屿的开发建设与利用，而经过多年的建设，当前我国沿海地区有居民海岛的资源利用手段与基础较为成熟，利用程度也已较高，因此当前国家逐步将发展的重点转向无居民海岛领域。

（2）浙江省积极打造“海上浙江”战略，海岛成为重要支撑点。面对新世纪海洋经济蓬勃发展的历史性契机，浙江省很早就提出了“推进陆海联动，加快海洋经济强省建设”的发展思路，围绕港口航运、海洋旅游、临港能源、临港石化等方面，将大力发展海洋经济作为全省经济增长重要支点，在近年的发展实践中取得了巨大的成效。然而，受当前国际金融危机，以及自身资源短缺与环境压力趋紧等影响，浙江省发展后劲不足的状况有所体现，因此，尽快实现转型升级发展俨然成为当前浙江省经济发展的首要任务。立足自身海洋优势资源与现实基础，以海洋经济的跨越性发展来推动浙江实现经济转型升级，被认为是切实可行的重要途径之一。为此，浙江省在原有建设“海洋经济强省”战略基础上，进一步提出了打造“海上浙江”战略，并希望将其作为今后一段时间内引领浙江发展的主导战略，围绕“科学看海、科学谋海、科学用海、科学兴海、科学管海”等方面，进一步整合现有资源优势，加快海洋经济的发展，成为带动全省经济转型发展的新引擎。而这其中，浙江省所具有的丰富的无居民海岛资源，无疑将发挥越来越重要的支持作用。

（3）浙江省濒临东海，海域辽阔，港湾岛屿众多，海岸线曲折而漫长，达到6 486 km，其中大陆岸线长1 840 km。来自海河流大陆架浅海的大量泥沙在近海岸水流、风浪等动力条件作用下，形成了以堆积地貌为主的海岸滩涂。这些面积大、完整性好的滩涂，成为浙江省发展经济的黄金地带。因地制宜、科学合理开发梨园滩涂资源，拓展陆域空间，已成为浙江省发展沿海区域经济的重要战略举措，对促进其社会经济的可持续发展具有重要的意义。

（4）温岭是一座在改革开放中快速崛起的滨海城市，地处浙江东南沿海，拥有优越的自然条件和广阔的滩涂面积。滨海湿地生态学研究一直备受学者的青睐，国内许多专家曾对一些重要的沿海和河口潮间带底栖动物有过研究，例如杭州湾（范明生，1996）、深圳湾（历红梅，2004）、胶州湾（李正新，2006）以及长江口（袁兴中，2001）等。在温岭的乐清湾（高爱根，2005）也开展过相关研究工作，但未见整个温岭沿岸滩涂湿地的研究报道。

3 温岭海域概况

3.1 区域自然条件

3.1.1 地理位置

温岭地处浙江东南部沿海，位于 28°12′45″—28°32′2″N，120°9′50″—121°44′0″E。北靠宁波，南邻温州，西接乐清，东部和东南部濒海。全市东西长 55.5 km，南北宽 35.9 km，总面积 1 001.76 km^2，其中陆域面积 925.47 km^2，海域面积 76.29 km^2。海岸线总长约 316.3 km，其中大陆岸线约 147.5 km，海岛岸线约 168.8 km。面积大于 500 m^2 的岛屿 169 个，主要集中分布于东部沿海。

3.1.2 地质地貌

温岭区域地质构造属华夏褶皱带范围。区域内的低山、丘陵（包括沿海岛屿）均系雁荡山山脉东侧余延部分，岩性大多数为晚侏罗纪火山——沉积岩及燕山期侵入岩。第四纪沉积土层主要有全新统滨海相组上段的青灰色淤泥及淤泥质黏土；中段青灰色淤泥质粉质黏土或有机质含量较高的黏土；下段为灰色，灰黄色粉质黏土、粉砂、粉细砂等。沿海及岛屿岩石主要是熔结凝灰岩、凝灰岩和集块岩，局部层段夹有砂质页岩。

地形地貌态势是西南高、东北低，沿海地形、地貌分为 3 个区域：西南低山、丘陵区；东南松门—石塘丘陵海岛区，海拔多在 200 m 以下，多数岛屿位于 10 m 等深线以内的浅海或潮滩。滩涂主要为泥质潮滩，多数滩涂处于缓慢的淤涨状态。

3.1.3 气候特征

温岭地区属亚热带季风区，气候温和湿润，四季分明，热量充裕，光照适中，无霜期长。年平均气温在 15~17℃，最高气温陆上为 38.1℃，海上 33.1℃。全年高于 30℃气温约 60 d；最低气温-6.6℃，全年低于 0℃气温天数约 20 d。雨量充沛，年平均降水量为 1 693.1 mm，年内分布不匀，呈季节性变化，3—5 月为春雨期，6—7 月上旬为梅雨期，8—9 月为台风期，年最大降水量为 2 330.4 mm（1989 年）；年最小降水量 837.6 mm（1986 年），最大日暴雨多年平均值为

141.95 mm，最大值为366.9 mm（1987年7月20日）。

温岭常风向NNE，其次为N。据资料统计，自1960—2001年的42年间，影响温岭的台风共76次，平均每年1.8次，台风影响持续时间平均3.4 d，最长5 d。最大风速达40 m/s。区域内多年平均雾日数为56 d，最多雾日数为72 d，1—6月为雾季，而后渐减，秋季少雾，全年最多雾日在5月份。

3.1.4 水文、潮汐

温岭海域潮汐属规则半日潮型，每日有两次高潮，两次低潮，涨潮落潮历时基本相同（涨潮历时6 h 14 min，落潮历时6 h 10 min），潮差东部比西部小。潮流属非正规半日潮流，潮流平缓，大潮期间垂线平均流速30~40 cm/s。风暴潮威胁较为严重和频繁，平均每年约5次。东部海域波浪是以涌浪为主的混合浪，平均波高1.2 m；乐清湾中部和北部环境隐蔽性好，波浪作用弱。沿海正常天气下泥沙含量不大，东部近海海域全潮泥沙垂线0.132~0.276 kg/m^3，含沙量最小的港区为钓浜港，最大的港区为箬山港与观岙港。近岸海域沉积物质量状况良好。

3.2 滩涂概况

温岭滩涂辽阔、涂面平坦、涂泥松软、油泥较厚，适宜于鱼、虾、蟹、贝、藻类栖息、生长和繁殖。全市沿海滩涂总面积有10 500 hm^2，可利用来发展海水增养殖的面积为3 200 hm^2，其中可用来繁殖培育蛏、蚶苗种的面积有1 527 hm^2。东南部滩涂是开放性海域，风浪较大，养殖贝类需采取消浪、防浪措施，稳定涂质，才能提高产量。主要养殖种类有缢蛏、泥蚶、泥螺、青蛤、菲律宾蛤仔和沙蚕等（表2-1）。

浅海水域广阔，可用来发展海水增养殖的水面约5 290 hm^2。从养殖的环境条件和利用面积来看，西南部浅海属半封闭式海湾，环境条件优越，是发展鱼、虾、贝、藻养殖的良好场所。东部浅海水面宽广，具有一定的发展前景。

表 2-1　温岭滩涂养殖功能布局规划

规划区编号	区块名称	自然地名位置	所属乡镇	规划面积/hm^2			主养种类养殖方式
				2008 年已开发	2012 年规划开发	2020 年规划开发	
T-1	西片滩涂养殖区	乐清湾（海洋功能区划内）	坞根、温峤、城南	1 000	940	320	泥蚶、缢蛏、彩虹明樱蛤、青蛤、青蟹及对虾（低坝高网），其中规划围垦的 620 hm^2，2012 年后规划临时养殖区
T-2	南片滩涂养殖区	溢顽湾（海洋功能区划内）	石桥头	50	0	0	缢蛏、泥螺（平涂养殖）（已启动围垦前期工作，2010 后规划临时养殖区）
			松门	333	0	0	
			箬横	1 440	0	0	
T-3	东片滩涂养殖区	大港湾（海洋功能区划内）	松门	57	0	0	缢蛏、泥蚶、彩虹明樱蛤、沙蚕（低坝蓄水养殖），大石化上马前维持现状，规划临时养殖区
			箬横	333	0	0	
			滨海	400	0	0	
合计 规划 2012 年、2020 年分别比 2008 年减少 2 673 hm^2、3 293 hm^2				3 613	940	320	

4 潮间带大型底栖生物资源调查

4.1 材料与方法

4.1.1 调查断面与时间

2012 年 5 月 6—8 日，在温岭乐清湾、隘顽湾、箬山渔港、洞下沙滩、水桶岙沙滩、礁山港、龙门港、东海塘等沿岸，选择代表性强、潮带比较完整、滩面底质类型比较均匀、干扰较小并且相对而言比较稳定的区域共设置了 17 条采样断面（图 2-1），分别标记为 S1～S17，采样断面地理位置如表 2-2 所示，调查采样点示意图利用 Surfer 8.0 软件绘制。

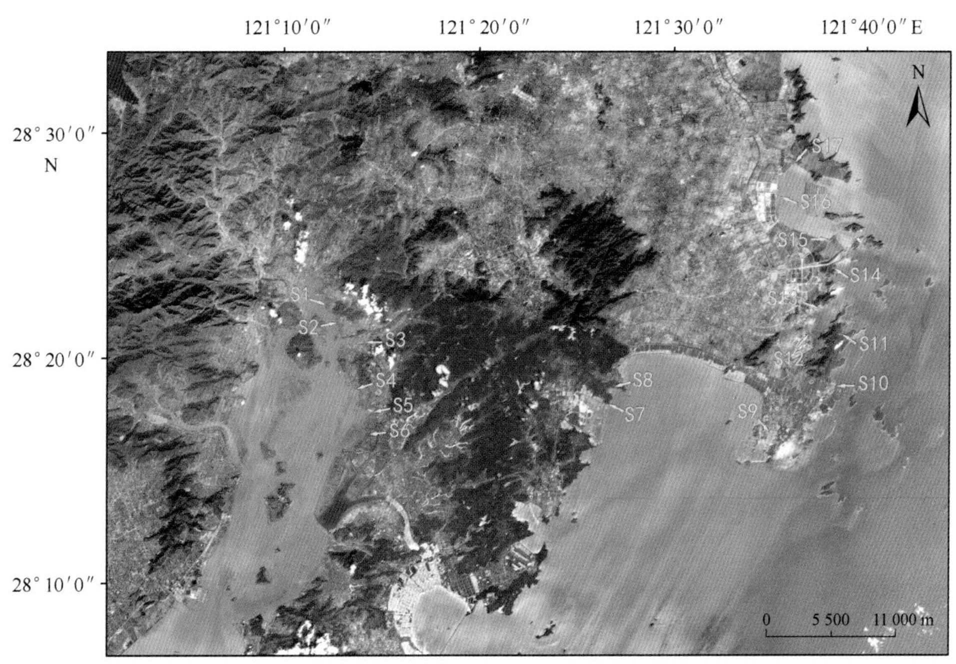

图 2-1 温岭沿岸采样断面示意图

表 2-2 温岭沿岸采样断面地理位置

采样断面	纬度（N）	经度（E）
S1	28°22′14.08″	121°12′18.25″

续表

采样断面	纬度（N）	经度（E）
S2	28°21′10. 99″	121°12′51. 44″
S3	28°20′30. 01″	121°13′26. 08″
S4	28°18′25. 07″	121°13′54. 46″
S5	28°17′28. 09″	121°14′31. 14″
S6	28°16′33. 93″	121°14′18. 48″
S7	28°17′40. 73″	121°26′38. 52″
S8	28°18′26. 66″	121°27′00. 53″
S9	28°16′25. 52″	121°35′24. 77″
S10	28°18′52. 81″	121°38′26. 28″
S11	28°20′42. 57″	121°38′58. 08″
S12	28°20′40. 80″	121°37′22. 03″
S13	28°21′54. 15″	121°38′03. 66″
S14	28°23′49. 53″	121°38′47. 63″
S15	28°25′02. 87″	121°38′37. 81″
S16	28°26′03. 43″	121°35′45. 81″
S17	28°28′10. 21″	121°36′27. 97″

4. 1. 2　调查方法

定量样品按《海洋调查规范第 6 部分：海洋生物调查》（GB /T 12763. 6—2007）和《全国海岸带和海涂资源综合调查简明规程》（1986）要求进行采集和数据处理，每条断面在高潮区、中潮区和低潮区各设 1 个站位，共设 3 个站位，每个站位用 25 cm×25 cm 的定量框随机取 4 个样方，采集样方内的所有底栖生物；同时，在采样点附近进行定性采集和生态观察。样品用体积分数为 5%的中性福尔马林溶液固定，带回实验室进行分类鉴定，对个体大于 1 mm 的大型底栖动物进行计数和称重。

4. 1. 3　数据处理

4. 1. 3. 1　物种优势度

物种的优势度（Y）计算采用：

$$Y = \frac{n_i}{N} \cdot f_i$$

式中：n_i 为第 i 种的个体数；f_i 为该种在各站位出现的频率；N 为每个物种出现的总个数。$Y \geqslant 0.02$ 为优势种。

4.1.3.2 多样性指数计算方法

Shannon-Wiener 多样性指数：$H' = -\sum_{i=1}^{s}(P_i)(\log_2 P_i)$

Margalef 物种丰富度指数：$d = (S-1)/\log_2 N$

Pielou 种类均匀度指数：$J = H'/\log_2 S$

式中：S 为总种数，P_i 为第 i 种的栖息密度占样品中总栖息密度的比例，N 为所有种类的总栖息密度。

4.1.3.3 群落结构分析

采用 Primer 5.0 软件中的 Bray-Curtis 相似性聚类和非度量多维标度（MDS）（Li H M，2001）进行群落结构分析，探究大型底栖生物群落结构的相似性程度。

Bray-Curtis 相似性系数：$S_{jk} = 100 \times \left(1 - \dfrac{\sum_{i=1}^{p} |Y_{ij} - Y_{ik}|}{\sum_{i=1}^{p} |Y_{ij} + Y_{ik}|}\right)$

式中：S_{jk}是样方 j 与样方 k 的 Bray-Curtis 相似性系数，其值范围为 0~100。当值等于 0 时，视 j 和 k 两样本物种全部不相同；当值等于 100 时，视两样本物种全部相同。群落相似性指数以生物量为基础进行计算，Y_{ij}是第 j 个样方的第 i 物种生物量；Y_{ik}是第 k 个样方的第 i 物种生物量；P 为两样本中的所有物种。为了降低生物量上占优势的个别物种对群落结构的影响权重，需要对原始数据进行 4 次方根变换。

采用 Primer 5.0 软件绘制丰度/生物量比较曲线（Abundance/Biomass curves，ABC 曲线）（Warwick，1986；Tian，2006），根据 ABC 曲线中生物量和丰度的 K-优势度曲线的波动，分析大型底栖生物群落受到污染和扰动的状况。

5 结果

5.1 春季大型底栖生物调查特征

5.1.1 种类组成及分布

温岭沿岸春季潮间带 17 个调查断面共鉴定出大型底栖动物 78 种（附表），包括环节动物 17 种、软体动物 33 种、节肢动物 22 种、脊索动物 4 种以及其他动物 2 种，分别占总种数的 22%、42%、28%、5%和 3%（图 2-2），其中其他动物又包括海葵和星虫各 1 种。

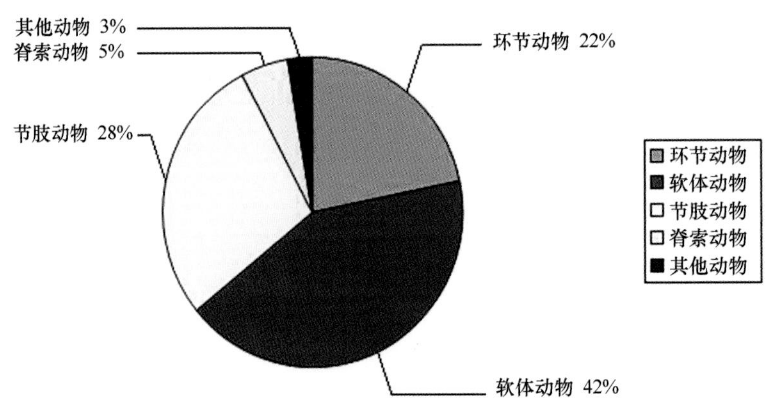

图 2-2 温岭沿岸春季潮间带大型底栖动物的种类组成

5.1.1.1 种类的水平分布

从水平分布来看，温岭沿岸春季潮间带的种类数以断面 S16 最多（26 种，占总种数的 33.3%），其次是断面 S15（25 种，占总种数的 32.1%），断面 S11 和 S14 的种类数最少（7 种，占总种数的 9%）（表 2-3）。环节动物、软体动物、节肢动物在 17 个调查断面中都有分布。环节动物以断面 S16 最多（7 种），S7 和 S12 最少（1 种）。软体动物最多的断面是 S15（17 种），最少的断面是 S14（1 种）。而节肢动物是断面 S3 和 S7（6 种）最多，S11（1 种）最少。脊索动物在 S2、S3、S7、S8、S15、S16、S17 这 7 个断面中有分布，但种类数较少，断面 S8 为 2 种，其余断面均为 1 种。其他动物的分布断面则更少，仅出现在 S3、S5、

S6、S15 这 4 个断面中，S3 为 2 种，其余均为 1 种。

表 2-3　温岭沿岸春季潮间带大型底栖动物各类群物种水平分布

断面	环节动物	软体动物	节肢动物	脊索动物	其他动物	合计	占总种数/%
S1	3	6	2	0	0	11	14.1
S2	3	8	2	1	0	14	17.9
S3	5	9	6	1	2	23	29.5
S4	6	11	3	0	0	20	25.6
S5	4	9	2	0	1	16	20.5
S6	5	9	2	0	1	17	21.8
S7	1	8	6	1	0	16	20.5
S8	4	7	5	2	0	18	23.1
S9	4	11	2	0	0	17	21.8
S10	2	4	3	0	0	9	11.5
S11	3	3	1	0	0	7	9.0
S12	1	11	3	0	0	15	19.2
S13	4	7	3	0	0	14	17.9
S14	2	1	4	0	0	7	9.0
S15	4	17	2	1	1	25	32.1
S16	7	16	2	1	0	26	33.3
S17	2	12	3	1	0	18	23.1
总物种数	17	33	22	4	2	78	100.0

5.1.1.2　种类的垂直分布

从垂直分布来看，温岭沿岸春季潮间带的种类数为高潮区（56 种）大于中潮区和低潮区（50 种）。其中环节动物在 3 个潮区的种类数相等（12 种），软体动物由大到小依次为低潮区（25 种）、高潮区（23 种）、中潮区（20 种）；节肢动物为高潮区和中潮区（15 种）大于低潮区（8 种）；脊索动物为高潮区（4 种）大于中潮区和低潮区（3 种）。而其他动物在高、低潮区均为 2 种，在中潮区中没有分布（表 2-4）。

表 2-4　温岭沿岸春季潮间带大型底栖动物各类群物种垂直分布

潮区	环节动物	软体动物	节肢动物	脊索动物	其他动物	合计	占总种数/%
高潮区	12	23	15	4	2	56	71.8
中潮区	12	20	15	3	0	50	64.1
低潮区	12	25	8	3	2	50	64.1
总物种数	17	33	22	4	2	78	100.0

5.1.2　数量组成与分布

5.1.2.1　水平分布

从表 2-5 和表 2-6 可知，温岭沿岸春季潮间带大型底栖动物的平均丰度和生物量分别为 2 702 ind·m^{-2}和 76.13 g·m^{-2}，并且平均丰度和生物量都以软体动物最大，节肢动物次之。

从水平分布来看，各调查断面的平均丰度由大到小依次为 S16（23 732 ind·m^{-2}）、S17（5 817 ind·m^{-2}）、S3（4 362 ind·m^{-2}）、S9（3 398 ind·m^{-2}）、S15（2 309 ind·m^{-2}）、S6（1 778 ind·m^{-2}）、S5（1 247 ind·m^{-2}）、S12（1 171 ind·m^{-2}）、S4（944 ind·m^{-2}）、S1（512 ind·m^{-2}）、S2（161 ind·m^{-2}）、S7（129 ind·m^{-2}）、S13（126 ind·m^{-2}）、S8（125 ind·m^{-2}）、S10（93 ind·m^{-2}）、S11（15 ind·m^{-2}）、S14（13 ind·m^{-2}）；平均生物量由大到小依次为 S17（189.35 g·m^{-2}）、S12（162.37 g·m^{-2}）、S3（155.02 g·m^{-2}）、S15（129.47 g·m^{-2}）、S9（122.01 g·m^{-2}）、S16（118.60 g·m^{-2}）、S5（108.33 g·m^{-2}）、S4（73.23 g·m^{-2}）、S6（62.69 g·m^{-2}）、S13（39.48 g·m^{-2}）、S8（35.12 g·m^{-2}）、S11（30.41 g·m^{-2}）、S2（24.37 g·m^{-2}）、S1（16.65 g·m^{-2}）、S7（12.83 g·m^{-2}）、S10（9.26 g·m^{-2}）、S14（5.01 g·m^{-2}）。

5.1.2.2　垂直分布

从垂直分布来看，各调查断面的平均丰度由大到小依次为低潮区（3 753 ind·m^{-2}）、中潮区（3 261 ind·m^{-2}）、高潮区（1 092 ind·m^{-2}）；平均生物量由大到小依次为中潮区（77.65 g·m^{-2}）、高潮区（77.38 g·m^{-2}）、低潮区（73.36 g·m^{-2}）。

就底栖动物各类群的丰度而言，环节动物由大到小依次为高潮区（95 ind·m^{-2}）、中潮区（21 ind·m^{-2}）、低潮区（10 ind·m^{-2}）；软体动物由大到小依次为低潮区（3 541 ind·m^{-2}）、中潮区（3 143 ind·m^{-2}）、高潮区（959 ind·m^{-2}）；节肢动物由大到小依次为低潮区（110 ind·m^{-2}）、中潮区（95 ind·m^{-2}）、高潮区（37 ind·m^{-2}）；脊索动物由大到小依次为低潮区（3 ind·m^{-2}）、中潮区（2 ind·m^{-2}）、高潮区（1 ind·m^{-2}）。就生物量而言，环节动物由大到小依次为高潮区（5.65 g·m^{-2}）、中潮区（1.58 g·m^{-2}）、低潮区（1.49 g·m^{-2}）；软体动物由大到小依次为中潮区（69.53 g·m^{-2}）、高潮区（64.60 g·m^{-2}）、低潮区（61.46 g·m^{-2}）；节肢动物由大到小依次为低潮区（7.45 g·m^{-2}）、中潮区（5.60 g·m^{-2}）、高潮区（5.51 g·m^{-2}）；脊索动物由大到小依次为低潮区（1.39 g·m^{-2}）、中潮区（0.94 g·m^{-2}）、高潮区（0.59 g·m^{-2}）。

就各断面而言，丰度为高潮区 S16 最高，S11 最低；中潮区 S16 最高，S14 最低；低潮区 S16 最高，S11 最低。生物量为高潮区 S12 最高，S14 最低；中潮区 S9 最高，S14 最低；低潮区 S3 最高，S1 最低。

5.1.3 优势种

由表 2-7 可知，温岭沿岸春季潮间带的 17 个采样断面的优势种存在着一定的差异。S1 为缢蛏 *Sinonovacula constricta*、侧底理蛤 *Theora lata* 和日本大螯蜚 *Crandidierella japonica*；S2 为缢蛏、侧底理蛤、光滑河蓝蛤 *Potomocorbula laevis* 和短拟沼螺 *Assiminea brevicula*；S3 为光滑河蓝蛤和短拟沼螺；S4 与 S5 均为缢蛏、侧底理蛤、光滑河蓝蛤和短拟沼螺；S6 为侧底理蛤、日本大螯蜚和光滑河蓝蛤；S7 为红带织纹螺 *Nassarius succinctus* 和日本旋卷蜾蠃蜚 *Corophium volutator*；S8 为孔虾虎鱼 *Trypauchen vagina*、泥螺 *Bullacta exarata*、丝异蚓虫 *Heromastus filiformis* 和婆罗囊螺 *Retusa boenensis*；S9 为光滑河蓝蛤；S10 为沙蚕 SP3*Nereidida* sp.、微小圆柱水虱 *Cirolana minuta* 和涟虫 *Hemileucon* sp.；S11 为圆锯齿吻沙蚕 *Dentinephtys glabra* 和狄氏斧蛤 *Chion dysoni*；S12 为缢蛏、短拟沼螺和双齿围沙蚕 *Perinereis aibuhitensis*；S13 为橄榄蚶 *Estellarca olivacea*、半褶织纹螺 *Nassarius semiplicatus*、青蛤 *Cyclina sinensis* 和日本大眼蟹 *Macrophthalmus japonicus*；S14 为日本圆柱水虱 *Cirolana japonensis*；S15 为光滑河蓝蛤、泥螺、彩虹明樱蛤 *Moerella irideseens* 和习见织纹螺 *Nassarius festivus*；S16 为光滑河蓝蛤、光滑狭口螺 *Stenothyra glabra*；SP3，S17 为缢蛏、侧底理蛤、光滑河蓝蛤和光滑狭口螺。光滑河蓝蛤为 9 个断面的优势种，缢蛏、侧底理蛤、短拟沼螺为 6 个断面的优势种，日本大螯蜚、泥螺、光滑狭口螺为两个断面的优势种，其他优势种类仅在个别断面中可见。

表 2-5　温岭沿岸春季潮间带大型底栖动物的群落丰度

ind/m²

潮区	类群	S1	S2	S3	S4	S5	S6	S7	S8	S9	S10	S11	S12	S13	S14	S15	S16	S17	平均
高潮区	环节动物	13	6	6	26	5	58	0	19	371	38	0	614	6	0	6	438	3	95
	软体动物	189	189	154	1 491	1 187	333	6	67	211	0	3	550	38	0	563	10 045	1 277	959
	节肢动物	64	3	10	6	0	3	259	24	0	125	5	10	26	16	38	0	43	37
	脊索动物	0	0	0	0	0	0	0	8	0	0	0	0	0	0	3	3	3	1
	其他动物	0	0	3	0	3	0	0	0	0	0	0	0	0	0	3	0	0	1
	合计	266	198	173	1 523	1 195	394	265	118	582	163	8	1 174	70	16	613	10 486	1 326	1 093
中潮区	环节动物	22	45	6	13	10	16	3	24	13	10	10	70	16	4	61	26	3	21
	软体动物	74	134	592	659	1 558	1 325	67	104	9 392	0	13	1 379	90	0	6 064	31 430	555	3 143
	节肢动物	1 126	19	3	0	22	186	13	16	13	74	0	54	80	0	0	3	11	95
	脊索动物	0	0	0	0	0	0	3	16	0	0	0	0	0	0	0	3	5	2
	其他动物	0	0	0	0	0	0	0	0	0	0	0	0	0	0	0	0	0	0
	合计	1 222	198	601	672	1 590	1 527	86	160	9 418	84	23	1 504	186	4	6 125	31 462	574	3 261
低潮区	环节动物	19	16	13	6	3	6	0	24	35	0	6	32	6	4	0	3	0	10
	软体动物	29	64	12 195	618	941	390	22	51	141	32	10	691	54	4	186	29 238	15 536	3 541
	节肢动物	0	0	93	13	13	3 014	0	5	19	0	0	112	61	12	3	6	13	198
	脊索动物	0	6	6	0	0	0	13	19	0	0	0	0	0	0	0	0	3	3
	其他动物	0	0	3	0	0	3	0	0	0	0	0	0	0	0	0	0	0	0
	合计	48	86	12 310	637	957	3 413	35	99	195	32	16	835	121	20	189	29 247	15 552	3 752

续表

潮区	类群	S1	S2	S3	S4	S5	S6	S7	S8	S9	S10	S11	S12	S13	S14	S15	S16	S17	平均
平均	环节动物	18	22	9	15	6	27	1	22	140	16	5	239	10	3	22	156	2	42
	软体动物	97	129	4 314	923	1 229	683	32	74	3 248	11	8	874	61	1	2 271	23 571	5 789	2 548
	节肢动物	397	7	35	6	12	1 068	91	15	11	66	2	59	55	9	14	3	22	110
	脊索动物	0	2	2	0	0	0	5	14	0	0	0	0	0	0	1	2	4	2
	其他动物	0	0	2	0	1	1	0	0	0	0	0	0	0	0	1	0	0	0
	合计	512	161	4 362	944	1 247	1 778	129	125	3 398	93	15	1 171	126	13	2 309	23 732	5 817	2 702

表 2-6　温岭沿岸春季潮间带大型底栖动物的群落生物量

g/m^2

潮区	类群	S1	S2	S3	S4	S5	S6	S7	S8	S9	S10	S11	S12	S13	S14	S15	S16	S17	平均
高潮区	环节动物	1.15	0.22	0.15	2.92	0.19	1.86	0.00	0.51	18.35	1.36	0.00	39.65	0.32	0.00	1.07	27.59	0.66	5.65
	软体动物	18.24	44.99	27.54	90.32	101.69	61.22	2.65	2.39	98.56	0.00	4.05	220.27	16.90	0.00	128.87	69.00	211.49	64.60
	节肢动物	10.74	7.13	3.72	23.82	0.00	3.15	10.87	0.95	0.00	0.61	1.90	4.64	15.10	1.39	8.70	0.00	0.93	5.51
	脊索动物	0.00	0.00	0.00	0.00	0.00	0.00	0.00	8.58	0.00	0.00	0.00	0.00	0.00	0.00	0.19	1.10	0.16	0.59
	其他动物	0.00	0.00	9.60	0.00	5.99	0.00	0.00	0.00	0.00	0.00	0.00	0.00	0.00	0.00	1.95	0.00	0.00	1.03
	合计	30.13	52.34	41.01	117.06	107.86	66.23	13.52	12.42	116.92	1.96	5.95	264.56	32.32	1.39	140.79	97.69	213.24	77.38
中潮区	环节动物	0.80	3.20	0.79	3.28	0.44	1.30	0.21	2.19	0.35	1.98	3.55	1.78	2.74	1.42	2.35	0.49	0.05	1.58
	软体动物	12.43	12.03	61.50	37.54	150.94	77.61	3.29	9.61	198.88	0.00	3.76	152.07	12.15	0.00	157.69	126.28	166.25	69.53
	节肢动物	1.38	0.18	3.14	0.00	15.85	0.44	2.35	26.74	6.55	0.53	0.00	14.78	22.72	0.00	0.00	0.24	0.24	5.60
	脊索动物	0.00	0.00	0.00	0.00	0.00	0.00	4.35	10.89	0.00	0.00	0.00	0.00	0.00	0.00	0.00	0.37	0.45	0.94
	其他动物	0.00	0.00	0.00	0.00	0.00	0.00	0.00	0.00	0.00	0.00	0.00	0.00	0.00	0.00	0.00	0.00	0.00	0.00
	合计	14.61	15.40	65.43	40.82	167.23	79.35	10.20	49.43	205.77	2.51	7.30	168.63	37.60	1.42	160.04	127.37	166.98	77.65

续表

潮区	类群	S1	S2	S3	S4	S5	S6	S7	S8	S9	S10	S11	S12	S13	S14	S15	S16	S17	平均
低潮区	环节动物	1.35	1.49	6.96	0.13	0.20	0.22	0.00	1.37	6.59	0.00	0.87	3.59	2.26	0.09	0.00	0.23	0.00	1.49
	软体动物	3.86	3.00	320.78	46.95	49.59	29.03	5.54	7.24	25.39	23.31	77.11	32.03	16.92	2.76	83.50	130.47	187.27	61.46
	节肢动物	0.00	0.00	29.15	14.72	0.10	9.00	0.00	0.87	11.37	0.00	0.00	18.30	29.34	9.37	4.08	0.05	0.37	7.45
	脊索动物	0.00	0.86	0.46	0.00	0.00	0.00	9.23	34.02	0.00	0.00	0.00	0.00	0.00	0.00	0.00	0.00	0.17	2.63
	其他动物	0.00	0.00	1.29	0.00	0.00	4.24	0.00	0.00	0.00	0.00	0.00	0.00	0.00	0.00	0.00	0.00	0.00	0.33
	合计	5.21	5.36	358.63	61.80	49.89	42.48	14.78	43.50	43.34	23.31	77.98	53.91	48.52	12.22	87.58	130.75	187.81	73.36
平均	环节动物	1.10	1.63	2.63	2.11	0.27	1.13	0.07	1.36	8.43	1.11	1.47	15.00	1.77	0.50	1.14	9.44	0.24	2.91
	软体动物	11.51	20.01	136.61	58.27	100.74	55.95	3.83	6.41	107.61	7.77	28.31	134.79	15.32	0.92	123.36	108.58	188.33	65.20
	节肢动物	4.04	2.44	12.00	12.85	5.32	4.19	4.41	9.52	5.97	0.38	0.63	12.57	22.39	3.59	4.26	0.09	0.52	6.19
	脊索动物	0.00	0.29	0.15	0.00	0.00	0.00	4.53	17.83	0.00	0.00	0.00	0.00	0.00	0.00	0.06	0.49	0.26	1.39
	其他动物	0.00	0.00	3.63	0.00	2.00	1.41	0.00	0.00	0.00	0.00	0.00	0.00	0.00	0.00	0.65	0.00	0.00	0.45
	合计	16.65	24.37	155.02	73.23	108.33	62.69	12.83	35.12	122.01	9.26	30.41	162.37	39.48	5.01	129.47	118.60	189.35	76.13

表 2-7　温岭沿岸春季潮间带优势种优势度

种类	S1	S2	S3	S4	S5	S6	S7	S8	S9	S10	S11	S12	S13	S14	S15	S16	S17
缢蛏 *Sinonovacula constricta*	0. 035	0. 092	—	0. 081	0. 044	—	—	—	—	—	—	0. 092	—	—	—	—	0. 085
侧底理蛤 *Theora lata*	0. 032	0. 064	—	0. 084	0. 029	0. 030	—	—	—	—	—	—	—	—	—	—	0. 043
日本大螯蜚 *Crandidierella japonica*	0. 153	—	—	—	—	0. 320	—	—	—	—	—	—	—	—	—	—	—
光滑河蓝蛤 *Potomocorbula laevis*	—	0. 062	0. 433	0. 584	0. 325	0. 265	—	—	0. 469	—	—	—	—	—	0. 348	0. 119	0. 511
短拟沼螺 *Assiminea brevicula*	—	0. 035	0. 043	0. 034	0. 334	—	—	—	—	—	—	0. 372	—	—	—	—	—
孔虾虎鱼　*Trypauchen vagina*	—	—	—	—	—	—	—	0. 030	—	—	—	—	—	—	—	—	—
泥螺 *Bullacta exarata*	—	—	—	—	—	—	—	0. 096	—	—	—	—	—	—	0. 035	—	—
红带织纹螺 *Nassarius succinctus*	—	—	—	—	—	—	0. 022	—	—	—	—	—	—	—	—	—	—
日本旋卷蜾蠃蜚 *Corophium volutator*	—	—	—	—	—	—	0. 082	—	—	—	—	—	—	—	—	—	—
丝异蚓虫 *Heromastus filiformis*	—	—	—	—	—	—	—	0. 028	—	—	—	—	—	—	—	—	—
婆罗囊螺 *Retusa boenensis*	—	—	—	—	—	—	—	0. 150	—	—	—	—	—	—	—	—	—
沙蚕 SP3 *Nereidida* sp.	—	—	—	—	—	—	—	—	—	0. 064	—	—	—	—	—	—	—
微小圆柱水虱 *Cirolana minuta*	—	—	—	—	—	—	—	—	—	0. 179	—	—	—	—	—	—	—
涟虫 *Hemileucon* sp.	—	—	—	—	—	—	—	—	—	0. 064	—	—	—	—	—	—	—
圆锯齿吻沙蚕 *Dentinephtys glabra*	—	—	—	—	—	—	—	—	—	—	0. 038	—	—	—	—	—	—
狄氏斧蛤 *Chion dysoni*	—	—	—	—	—	—	—	—	—	—	0. 063	—	—	—	—	—	—
双齿围沙蚕 *Perinereis aibuhitensis*	—	—	—	—	—	—	—	—	—	—	—	0. 177	—	—	—	—	—
橄榄蚶 *Estellarca olivacea*	—	—	—	—	—	—	—	—	—	—	—	—	0. 132	—	—	—	—

续表

种类	S1	S2	S3	S4	S5	S6	S7	S8	S9	S10	S11	S12	S13	S14	S15	S16	S17
半褶织纹螺 *Nassarius semiplicatus*	—	—	—	—	—	—	—	—	—	—	—	—	0. 041	—	—	—	—
青蛤 *Cyclina sinensis*	—	—	—	—	—	—	—	—	—	—	—	—	0. 024	—	—	—	—
日本大眼蟹 *Macrophthalmus japonicus*	—	—	—	—	—	—	—	—	—	—	—	—	0. 395	—	—	—	—
日本圆柱水虱 *Cirolana japonensis*	—	—	—	—	—	—	—	—	—	—	—	—	—	0. 050	—	—	—
彩虹明樱蛤 *Moerella irideseens*	—	—	—	—	—	—	—	—	—	—	—	—	—	—	0. 030	—	—
习见织纹螺 *Nassarius festivus*	—	—	—	—	—	—	—	—	—	—	—	—	—	—	0. 022	—	—
光滑狭口螺 *Stenothyra glabra*	—	—	—	—	—	—	—	—	—	—	—	—	—	—	—	0. 243	0. 042
螺 SP3	—	—	—	—	—	—	—	—	—	—	—	—	—	—	—	0. 504	—

注：表中“—”示优势度（*Y*）小于 0. 02.

5.1.4 多样性指数

由表2-8可知，温岭沿岸17个采样断面的Shannon-Wiener指数（H'）、Pielou均匀度指数（J）和Margalef丰富度指数（d）平均值分别为2.05、0.55和1.69，变化范围分别为0.54~3.40、0.11~0.94和1.11~2.44。各断面的H'值由大到小依次为S8、S2、S14、S13、S11、S12、S7、S4、S10、S5、S17、S6、S15、S16、S1、S9、S3；J值由大到小依次为S14、S11、S2、S8、S13、S10、S12、S7、S4、S5、S17、S6、S1、S15、S16、S9、S3；d值由大到小依次为S8、S3、S15、S7、S4、S13、S2、S16、S14、S11、S6、S5、S12、S9、S17、S10、S1。

表2-8 温岭沿岸春季潮间带大型底栖动物群落多样性（以丰度为基础）

断面	H'	J	d
S1	1.38	0.40	1.11
S2	3.20	0.84	1.77
S3	0.54	0.11	2.15
S4	2.22	0.51	1.92
S5	1.95	0.49	1.46
S6	1.69	0.41	1.48
S7	2.23	0.56	2.14
S8	3.40	0.82	2.44
S9	0.88	0.22	1.36
S10	2.18	0.69	1.22
S11	2.55	0.91	1.54
S12	2.35	0.60	1.37
S13	2.62	0.69	1.86
S14	2.65	0.94	1.62
S15	1.63	0.35	2.15
S16	1.52	0.32	1.72
S17	1.83	0.44	1.36
平均	2.05	0.55	1.69

5.1.5 群落分布聚类及 MDS 标序分析

基于丰度为基础的温岭沿岸春季潮间带大型底栖生物群落特征聚类分析显示（图 2-3），相似度大于 50%时可分为 7 组，其中 S14、S10、S11、S13、S8、S7 各为一组；其余所有断面聚为一组。S14、S10 和 S11 在相似度 27%处又聚为一组；其余所有断面则在相似度 38%处聚为一组。

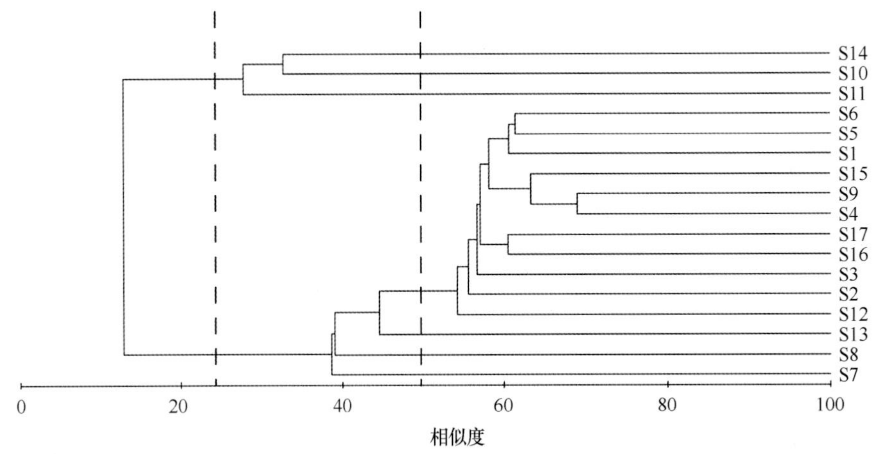

图 2-3 温岭沿岸春季潮间带大型底栖动物群落的 Bray-Curtis 聚类

根据 Clarke 和 Warwick（1994）认为，当 stress（胁强系数）<0.05 为吻合极好；stress<0.1 为吻合较好；stress<0.2 为吻合一般；stress>0.3 为吻合较差。而由图 2-4 可知，17 个采样断面 MDS 标序的 stress（胁强系数）为 0.08，说明吻合较好。群落可分为两大类，MDS 标序的结果与群落分布聚类分析结果一致。

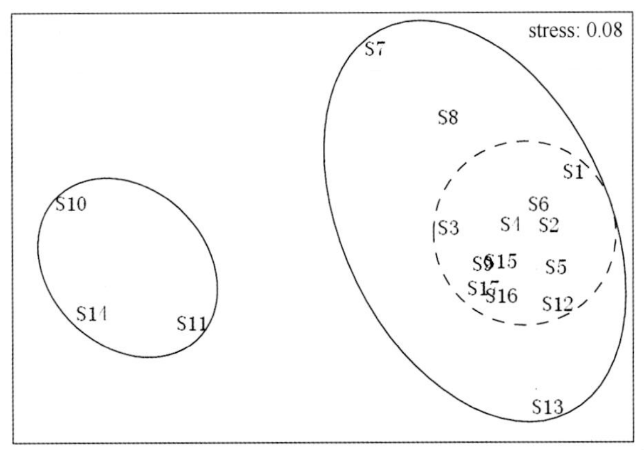

图 2-4 温岭沿岸春季潮间带大型底栖动物 MDS 标序分析

5.1.6 ABC 曲线分析

根据丰度和生物量数据绘制的 ABC 曲线如图 2-5 所示。断面 S2、S8、S10、S11、S12、S13、S14、S17 的 *W* 值为正，分别为 0.206、0.218、0.047、0.48、0.01、0.109、0.487、0.012，其余断面的 *W* 值为负。*W* 值表示两条曲线的相距程度，其为正或为负时分别表示生态环境趋好或趋坏，而绝对值越大则表示环境越好或越坏。图中结果说明超过一半以上的断面已经受到了不同程度的干扰（图 2-5）。

5.2 秋季大型底栖生物调查特征

5.2.1 种类组成与分布

温岭沿岸秋季潮间带 17 个调查断面共鉴定出大型底栖动物 67 种（表 2-8），包括环节动物 13 种、软体动物 27 种、节肢动物 17 种、脊索动物 6 种以及其他动物 4 种，分别占总种数的 19%、40%、26%、9%和 6%（图 2-6）。

5.2.1.1 种类的水平分布

从物种水平分布来看，温岭沿岸秋季潮间带大型底栖动物的种类数量以断面 S15 最多（26 种，占总种数的 38.8%）；其次是断面 S1（22 种，占总种数的 32.8%）；断面 S14 的种类数最少（2 种，占总种数的 3.0%）（表 2-9）。环节动物除了断面 S7 之外都有分布，软体动物除了断面 S14 之外都有分布，节肢动物除了断面 S5 和 S11 之外都有分布。环节动物种类数量以断面 S3 和 S9 最多（5 种），软体动物种类数量最多的是断面 S1（13 种），节肢动物种类数量最多的是断面 S15（7 种）。脊索动物在 S1、S3、S4、S6、S7、S8、S12、S13、S15、S16、S17 这 11 个断面中有分布，但种类数较少，最多的断面 S15 为 3 种，S4、S7、S12、S13、S17 均为 2 种，其余均为 1 种。其他动物的分布断面则更少，仅出现在 S1、S4、S5、S15、S17 这 5 个断面中，S5、S15 为 2 种，其余均为 1 种。

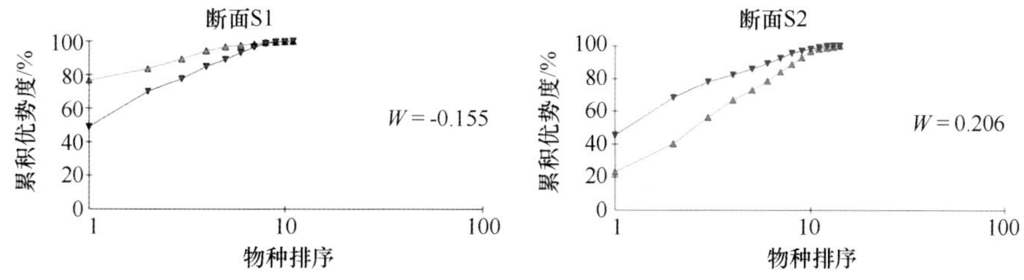

图 2-5 温岭沿岸潮间带大型底栖生物量比较曲线（▲丰度，▼生物量）

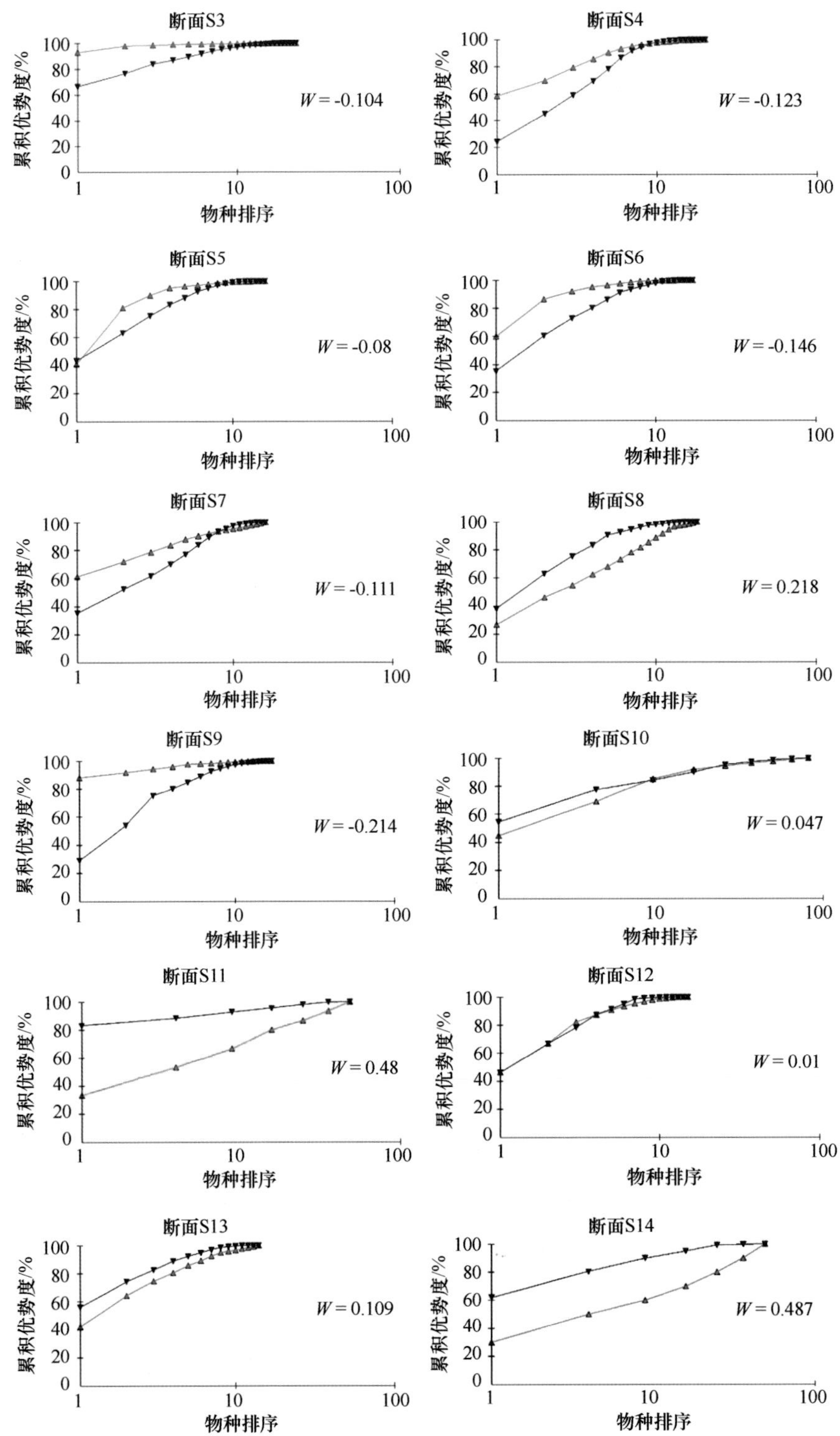

图 2-5　温岭沿岸潮间带大型底栖生物量比较曲线（▲丰度，▼生物量）（续）

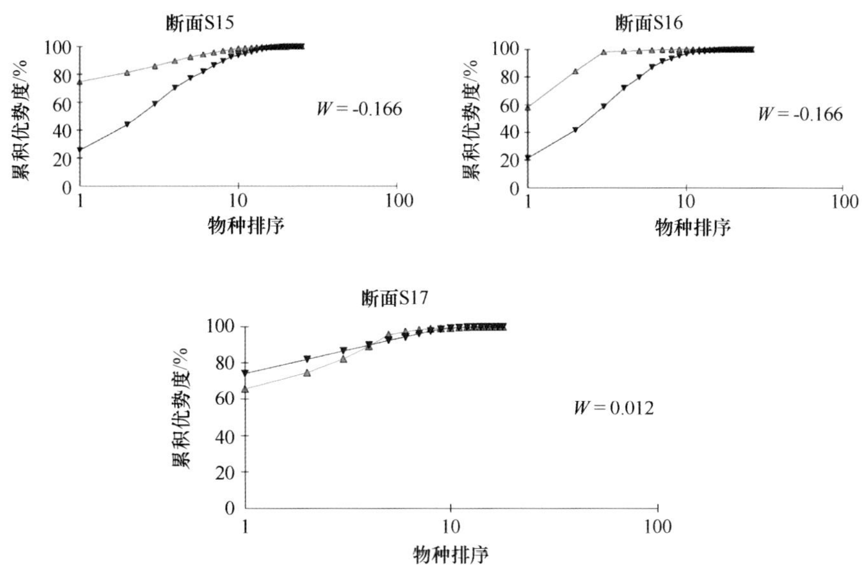

图 2-5　温岭沿岸潮间带大型底栖生物量比较曲线（▲丰度，▼生物量）（续）

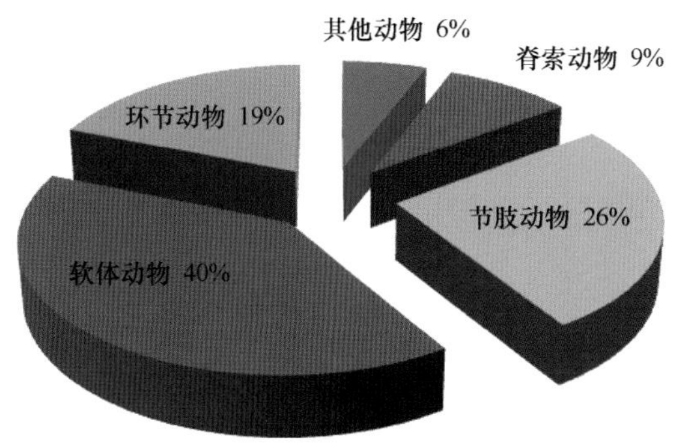

图 2-6　温岭沿岸秋季潮间带大型底栖动物的种类组成

表 2-9　温岭沿岸秋季潮间带大型底栖动物各类群物种水平分布

断面	环节动物	软体动物	节肢动物	脊索动物	其他动物	合计	占总种数/%
S1	4	13	3	1	1	22	32. 8
S2	1	2	1	0	0	4	6. 0
S3	5	11	2	1	0	19	28. 4
S4	1	10	3	2	1	17	25. 4
S5	3	7	0	0	2	12	17. 9
S6	1	10	2	1	0	14	20. 9

续表

断面	环节动物	软体动物	节肢动物	脊索动物	其他动物	合计	占总种数/%
S7	0	6	6	2	0	14	20.9
S8	4	2	5	1	0	12	17.9
S9	5	8	5	0	0	18	26.9
S10	1	1	2	0	0	4	6.0
S11	4	3	0	0	0	7	10.4
S12	2	13	2	2	0	19	28.4
S13	2	5	4	2	0	13	19.4
S14	1	0	1	0	0	2	3.0
S15	4	10	7	3	2	26	38.8
S16	1	7	4	2	0	14	20.9
S17	2	6	3	2	1	14	20.9
总物种数	13	27	17	6	4	67	100

5.2.1.2 种类的垂直分布

从垂直分布来看，温岭沿岸秋季潮间带的种类数为中潮区和低潮区（都是48种）大于高潮区（40种）。其中，环节动物在3个潮区的种类数量由大到小依次为中潮区（10种）、低潮区（7种）、高潮区（6种）；软体动物由大到小依次为低潮区（24种）、中潮区（21种）、高潮区（19种）；节肢动物由大到小依次为中潮区（12种）、高潮区（11种）、低潮区（10种）；脊索动物由大到小依次为低潮区（4种）大于高潮区和中潮区（3种）；其他动物由大到小依次为低潮区（3种）、中潮区（2种）、高潮区（1种）。

表2-10 温岭沿岸秋季潮间带大型底栖动物各类群物种垂直分布

潮区	环节动物	软体动物	节肢动物	脊索动物	其他动物	合计	占总种数/%
高潮区	6	19	11	3	1	40	59.7
中潮区	10	21	12	3	2	48	71.6
低潮区	7	24	10	4	3	48	71.6
总物种数	13	27	17	6	4	67	100

5.2.2 数量组成与分布

5.2.2.1 水平分布

从表2-11和表2-12可知，温岭沿岸秋季潮间带大型底栖动物的平均丰度和生物量分别为841 ind · m^{-2}和63.43 g · m^{-2}，并且平均丰度和生物量都以软体动物最大，节肢动物次之。

从水平分布来看，各调查断面的平均丰度由大到小依次为S1（8 860 ind · m^{-2}）、S12（1 614 ind · m^{-2}）、S16（691 ind · m^{-2}）、S9（685 ind · m^{-2}）、S17（461 ind · m^{-2}）、S5（442 ind · m^{-2}）、S4（379 ind · m^{-2}）、S2（315 ind · m^{-2}）、S6（288 ind · m^{-2}）、S3（203 ind · m^{-2}）、S15（142 ind · m^{-2}）、S13（87 ind · m^{-2}）、S8（46 ind · m^{-2}）、S7（30 ind · m^{-2}）、S11（20 ind · m^{-2}）、S10（7 ind · m^{-2}）、S14（3 ind · m^{-2}）。平均生物量由大到小依次为S12（148.04 g · m^{-2}）、S9（144.84 g · m^{-2}）、S1（117.57 g · m^{-2}）、S11（102.22 g · m^{-2}）、S15（99.68 g · m^{-2}）、S4（87.10 g · m^{-2}）、S6（64.47 g · m^{-2}）、S17（59.05 g · m^{-2}）、S5（58.70 g · m^{-2}）、S13（48.57 g · m^{-2}）、S7（46.39 g · m^{-2}）、S16（42.07 g · m^{-2}）、S8（28.28 g · m^{-2}）、S3（23.63 g · m^{-2}）、S2（6.64 g · m^{-2}）、S10（0.90 g · m^{-2}）、S14（0.12 g · m^{-2}）。

5.2.2.2 垂直分布

从垂直分布来看，各调查断面的平均丰度由大到小依次为中潮区（1 883 ind · m^{-2}）、低潮区（399 ind · m^{-2}）、高潮区（238 ind · m^{-2}）；平均生物量由大到小依次为低潮区（71.81 g · m^{-2}）、中潮区（69.07 g · m^{-2}）、高潮区（49.40 g · m^{-2}）。

就底栖动物各类群而言，环节动物丰度由大到小依次为中潮区、低潮区、高潮区；生物量由大到小依次为中潮区、高潮区、低潮区。软体动物丰度和生物量由大到小依次均为中潮区、低潮区、高潮区；节肢动物丰度和生物量由大到小依次均为高潮区、中潮区、低潮区；脊索动物丰度为高潮区和低潮区大于中潮区；生物量由大到小依次为低潮区、高潮区、中潮区。

就各断面而言，丰度为高潮区S12最高，S14和S10最低；中潮区S1最高，S14最低；低潮区S12最高，S14最低。

生物量为高潮区S12最高，S14最低；中潮区S9最高，S14最低；低潮区S11最高，S14最低。

表 2-11　温岭沿岸秋季潮间带大型底栖动物的群落丰度

ind/m^2

潮区	类群	S1	S2	S3	S4	S5	S6	S7	S8	S9	S10	S11	S12	S13	S14	S15	S16	S17	平均
高潮区	环节动物	0	0	32	32	6	0	0	13	3	0	0	102	0	0	0	3	3	11
	软体动物	467	298	42	278	755	138	26	0	10	0	10	746	64	0	83	355	13	193
	节肢动物	3	298	10	3	0	3	35	22	29	6	0	13	32	6	32	13	16	31
	脊索动物	3	0	0	0	0	3	0	0	0	0	0	22	3	0	13	3	0	3
	其他动物	3	0	0	0	0	0	0	0	0	0	0	0	0	0	0	0	0	0
	合计	476	596	84	313	761	144	61	35	42	6	10	883	99	6	128	374	32	238
中潮区	环节动物	6	0	19	0	138	3	0	0	26	6	16	182	3	3	32	0	0	26
	软体动物	24 544	125	186	342	243	483	0	51	1 869	3	13	2 176	54	0	125	432	605	1 838
	节肢动物	3	125	6	6	0	0	19	3	10	3	0	35	19	0	16	10	10	16
	脊索动物	3	0	0	3	0	0	3	3	0	0	0	13	0	0	0	0	3	2
	其他动物	0	0	0	0	6	0	0	0	0	0	0	0	0	0	6	0	0	1
	合计	24 556	250	211	351	387	486	22	57	1905	12	29	2 406	76	3	179	442	618	1 883
低潮区	环节动物	22	3	19	0	48	0	0	6	45	3	0	83	3	0	10	0	6	15
	软体动物	1 517	48	291	448	128	227	0	22	45	0	22	1 453	35	0	54	1 254	710	368
	节肢动物	3	48	0	13	0	3	3	13	19	0	0	6	45	0	51	0	3	12
	脊索动物	3	0	6	10	0	3	3	3	0	0	0	10	3	0	6	3	6	3
	其他动物	0	0	0	3	3	0	0	0	0	0	0	0	0	0	0	0	6	1
	合计	1 545	99	316	474	179	233	6	44	109	3	22	1 552	86	0	121	1 257	731	399

续表

潮区	类群	S1	S2	S3	S4	S5	S6	S7	S8	S9	S10	S11	S12	S13	S14	S15	S16	S17	平均
平均	环节动物	10	1	23	11	64	1	0	6	25	3	5	123	2	1	14	1	3	17
	软体动物	8 843	157	173	356	375	283	9	25	641	1	15	1 458	51	0	87	681	443	800
	节肢动物	3	157	5	7	0	2	19	13	19	3	0	18	32	2	33	7	10	20
	脊索动物	3	0	2	4	0	2	2	2	0	0	0	15	2	0	6	2	3	3
	其他动物	1	0	0	1	3	0	0	0	0	0	0	0	0	0	2	0	2	1
	合计	8 860	315	203	379	442	288	30	46	685	7	20	1 614	87	3	142	691	461	841

表 2-12　温岭沿岸秋季潮间带大型底栖动物的群落生物量

g/m²

潮区	类群	S1	S2	S3	S4	S5	S6	S7	S8	S9	S10	S11	S12	S13	S14	S15	S16	S17	平均
高潮区	环节动物	0.00	0.00	1.16	0.27	0.074	0.00	0.00	2.70	0.08	0.00	0.00	2.96	0.00	0.00	0.00	0.02	2.85	0.60
	软体动物	41.47	12.85	17.20	60.02	70.46	41.00	58.98	0.00	58.51	0.00	8.13	135.45	36.43	0.00	39.00	56.60	4.65	37.69
	节肢动物	0.00	0.00	7.70	18.72	0.00	2.53	11.35	30.94	19.13	0.15	0.00	11.12	21.24	0.02	13.27	3.00	15.58	9.10
	脊索动物	0.00	0.00	0.00	0.00	0.00	0.83	0.00	0.00	0.00	0.00	0.00	12.33	3.45	0.00	12.33	1.39	0.00	1.78
	其他动物	3.84	0.00	0.00	0.00	0.00	0.00	0.00	0.00	0.00	0.00	0.00	0.00	0.00	0.00	0.00	0.00	0.00	0.23
	合计	45.31	12.85	26.06	79.01	70.54	44.36	70.33	33.64	77.72	0.15	8.13	161.87	61.12	0.02	64.60	61.01	23.08	49.40

续表

潮区	类群	S1	S2	S3	S4	S5	S6	S7	S8	S9	S10	S11	S12	S13	S14	S15	S16	S17	平均
中潮区	环节动物	0.14	0.00	0.72	0.00	2.74	0.02	0.00	0.00	1.95	0.03	1.71	6.27	2.06	0.35	0.92	0.00	0.00	1.00
	软体动物	179.43	1.89	32.34	30.74	44.34	23.45	40.54	31.08	304.06	2.49	57.17	98.73	29.15	0.00	132.50	12.35	39.13	62.32
	节肢动物	0.01	4.70	0.30	28.10	0.00	0.00	2.41	0.19	6.97	0.02	0.00	14.91	14.34	0.00	4.10	1.40	1.90	4.67
	脊索动物	0.00	0.00	0.00	2.08	0.00	0.00	3.56	1.51	0.00	0.00	0.00	3.81	0.00	0.00	0.00	0.00	4.04	0.88
	其他动物	0.00	0.00	0.00	0.00	0.69	0.00	0.00	0.00	0.00	0.00	0.00	0.00	0.00	0.00	2.89	0.00	0.00	0.21
	合计	179.58	6.59	33.37	60.92	47.77	23.47	46.50	32.79	312.98	2.54	58.89	123.72	45.55	0.35	140.41	13.74	45.08	69.07
低潮区	环节动物	0.48	0.01	0.60	0.00	0.71	0.00	0.00	0.85	0.45	0.02	0.00	3.23	0.03	0.00	1.70	0.00	0.35	0.50
	软体动物	125.69	0.46	9.20	85.75	54.71	122.13	17.66	10.18	32.10	0.00	239.66	147.18	5.41	0.00	52.90	49.84	104.74	62.21
	节肢动物	0.45	0.00	0.00	17.70	0.00	0.02	1.24	3.88	11.26	0.00	0.00	2.18	32.68	0.00	8.02	0.00	0.36	4.58
	脊索动物	1.20	0.00	1.66	17.32	0.00	3.42	3.44	3.50	0.00	0.00	0.00	5.95	0.93	0.00	31.41	1.61	3.30	4.34
	其他动物	0.00	0.00	0.00	0.60	2.39	0.00	0.00	0.00	0.00	0.00	0.00	0.00	0.00	0.00	0.00	0.00	0.25	0.19
	合计	127.82	0.47	11.46	121.38	57.81	125.57	22.34	18.41	43.81	0.02	239.66	158.53	39.04	0.00	94.03	51.45	108.99	71.81
平均	环节动物	0.21	0.00	0.83	0.09	1.18	0.01	0.00	1.18	0.83	0.02	0.57	4.15	0.70	0.12	0.88	0.01	1.07	0.70
	软体动物	115.53	5.07	19.58	58.84	56.50	62.19	39.06	13.76	131.56	0.83	101.65	127.12	23.66	0.00	74.80	39.60	49.51	54.07
	节肢动物	0.15	1.57	2.67	21.50	0.00	0.85	5.00	11.67	12.45	0.06	0.00	9.40	22.75	0.01	8.46	1.46	5.94	6.12
	脊索动物	0.40	0.00	0.55	6.47	0.00	1.42	2.33	1.67	0.00	0.00	0.00	7.36	1.46	0.00	14.58	1.00	2.45	2.33
	其他动物	1.28	0.00	0.00	0.20	1.03	0.00	0.00	0.00	0.00	0.00	0.00	0.00	0.00	0.00	0.96	0.00	0.08	0.21
	合计	117.57	6.64	23.63	87.10	58.70	64.47	46.39	28.28	144.84	0.90	102.22	148.04	48.57	0.12	99.68	42.07	59.05	63.43

5.2.3 优势种

由表2-13可知，温岭沿岸秋季潮间带的17个采样断面，其优势种存在很大的差异。半褶织纹螺 *Nassarius semiplicatus* 是9个断面的优势种；光滑狭口螺 *Stenothyra glabra* 是7个断面的优势种，短拟沼螺 *Assiminea brevicula*、圆锯齿吻沙蚕 *Dentinephtys glabra*、习见织纹螺 *Nassarius festivus* 是4个断面的优势种；光滑河蓝蛤 *Potomocorbula laevis*、日本大眼蟹 *Macrophthalmus japonicus* 是3个断面的优势种；珠带拟蟹守螺 *Cerithidea cingulata*、泥螺 *Bullacta exarata*、外浪飘水虱 *Excirolana* sp.、婆罗囊螺 *Retusa boenensis* 是2个断面的优势种；侧底理蛤 *Theora lata*、文蛤 *Meretrix meretrix*、狄氏斧蛤 *Chion dysoni*、等边浅蛤 *Gomphina aequilatera*、橄榄蚶 *Estellarca olivacea*、疣吻沙蚕 *Tylorrhynchus heterochaetus*、日本鼓虾 *Alpheus japonicus* 是1个断面的优势种。

表 2-13　温岭沿岸秋季潮间带优势种优势度

种类	S1	S2	S3	S4	S5	S6	S7	S8	S9	S10	S11	S12	S13	S14	S15	S16	S17
侧底理蛤 *Theora lata*	—	—	0.031	—	—	—	—	—	—	—	—	—	—	—	—	—	—
光滑河蓝蛤 *Potomocorbula laevis*	—	—	—	—	—	0.033	—	—	0.357	—	—	—	—	—	—	—	0.234
珠带拟蟹守螺 *Cerithidea cingulata*	0.030	—	—	0.029	—	—	—	—	—	—	—	—	—	—	—	—	—
短拟沼螺 *Assiminea brevicula*	—	0.576	—	0.278	0.364	0.090	—	—	—	—	—	—	—	—	—	—	—
泥螺 *Bullacta exarata*	—	—	—	—	0.042	—	—	—	—	—	—	—	—	—	0.024	—	—
文蛤 *Meretrix meretrix*	—	—	—	—	—	—	—	—	—	—	0.042	—	—	—	—	—	—
狄氏斧蛤 *Chion dysoni*	—	—	—	—	—	—	—	—	—	—	0.056	—	—	—	—	—	—
等边浅蛤 *Gomphina aequilatera*	—	—	—	—	—	—	—	—	—	—	0.105	—	—	—	—	—	—
疣吻沙蚕 *Tylorrhynchus heterochaetus*	—	—	—	—	—	—	—	—	—	—	—	—	—	0.022	—	—	—
橄榄蚶 *Estellarca olivacea*	—	—	—	—	—	—	—	—	—	—	—	—	0.024	—	—	—	—
半褶织纹螺 *Nassarius semiplicatus*	—	—	0.106	0.142	0.104	0.055	0.680	0.228	—	—	—	0.036	0.349	—	—	0.028	—
日本大眼蟹 *Macrophthalmus japonicus*	—	—	—	—	—	—	—	0.031	—	—	—	—	0.263	—	0.022	—	—
婆罗囊螺 *Retusa boenensis*	0.267	—	—	—	—	0.202	—	—	—	—	—	—	—	—	—	—	—
习见织纹螺 *Nassarius festivus*	—	—	—	—	—	—	—	—	—	—	—	0.023	—	—	0.362	0.059	0.148
外浪飘水虱 *Excirolana* sp.	—	—	—	—	—	—	—	—	—	0.038	—	—	—	0.044	—	—	—
圆锯齿吻沙蚕 *Dentinephtys glabra*	—	—	0.034	—	0.073	—	—	—	—	0.057	—	0.075	—	—	—	—	—
日本鼓虾 *Alpheus japonicus*	—	—	—	—	—	—	0.031	—	—	—	—	—	—	—	—	—	—
光滑狭口螺 *Stenothyra glabra*	0.416	0.132	—	—	0.029	0.024	—	—	—	—	—	0.738	—	—	—	0.714	0.044

注：表中“—”表示优势度（*Y*）小于0.02.

5.2.4 多样性指数

由表 2-14 可知，温岭沿岸 17 个采样断面的 Shannon-Wiener 指数（H'）、Pielou 均匀度指数（J）和 Margalef 丰富度指数（d）平均值分别为 2.02、0.60 和 1.63，变化范围分别为 0.30~3.55、0.15~0.92 和 0.41~3.49。各断面的 H' 值由大到小依次为 S15、S3、S8、S6、S4、S5、S11、S13、S17、S7、S10、S12、S1、S16、S14、S9、S2；J 值由大到小依次为 S10、S14、S11、S15、S3、S8、S5、S6、S13、S4、S7、S17、S12、S16、S1、S9、S2；d 值由大到小依次为 S15、S3、S8、S7、S4、S13、S9、S12、S1、S6、S17、S1、S16、S5、S10、S14、S2。

表 2-14 温岭沿岸秋季潮间带大型底栖动物群落多样性（以丰度为基础）

断面	H'	J	d
S1	1.44	0.32	1.60
S2	0.30	0.15	0.41
S3	3.13	0.74	2.35
S4	2.59	0.63	1.87
S5	2.58	0.72	1.25
S6	2.65	0.70	1.59
S7	1.97	0.52	1.92
S8	2.67	0.74	1.99
S9	0.87	0.21	1.80
S10	1.84	0.92	1.07
S11	2.48	0.88	1.39
S12	1.64	0.39	1.69
S13	2.36	0.64	1.86
S14	0.92	0.92	0.63
S15	3.55	0.75	3.49
S16	1.41	0.37	1.38
S17	1.99	0.52	1.47
平均	2.02	0.60	1.63

5.2.5 群落分布聚类和 MDS 标序分析

以丰度为基础的温岭沿岸秋季潮间带大型底栖动物群落特征聚类分析显示

(图 2-7)，相似度大于 30%时可分为 4 组，其中 S11、S2 各为一组，S14 和 S10 聚为一组，其余所有断面聚为一组。S14、S10 和 S11 在相似度 8%处又聚为一支，其余所有断面则在相似度 13%处聚为一组。

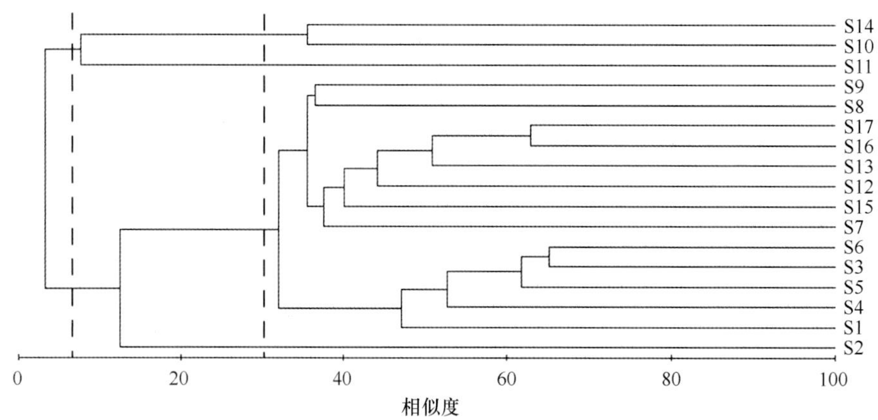

图 2-7　温岭沿岸秋季潮间带大型底栖动物群落的 Bray-Curtis 聚类

而由图 2-8 可知，17 个采样断面 MDS 标序的 stress（胁强系数）为 0.08，说明吻合较好，群落可分为两大类。MDS 标序的结果与群落分布聚类分析结果基本一致。

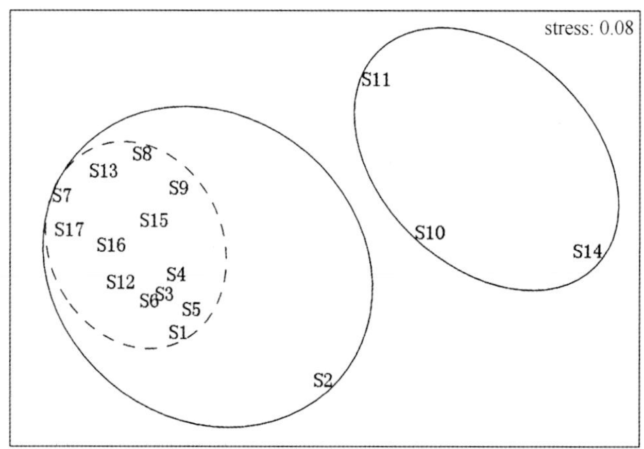

图 2-8　温岭沿岸秋季潮间带大型底栖动物 MDS 标序分析

5.2.6　ABC 曲线分析

根据丰度和生物量数据绘制的 ABC 曲线如图 2-9 所示。横坐标是种类排序，纵坐标是累积优势度。*W* 的值表示两条曲线的相距程度，其为正或为负时分别表示生态环境趋好或趋坏，而绝对值越大则表示环境越好或越坏。断面 S3、S5、

S6、S7、S8、S10、S11、S13、S14、S15 的 *W* 值为正，分别为 0.113、0.024、0.051、0.01、0.25、0.59、0.453、0.088、0.549、0.157，其余断面的 *W* 值为负。这说明在 17 个断面当中，有 7 个断面生态环境恶化，即已经受到了不同程度的干扰。

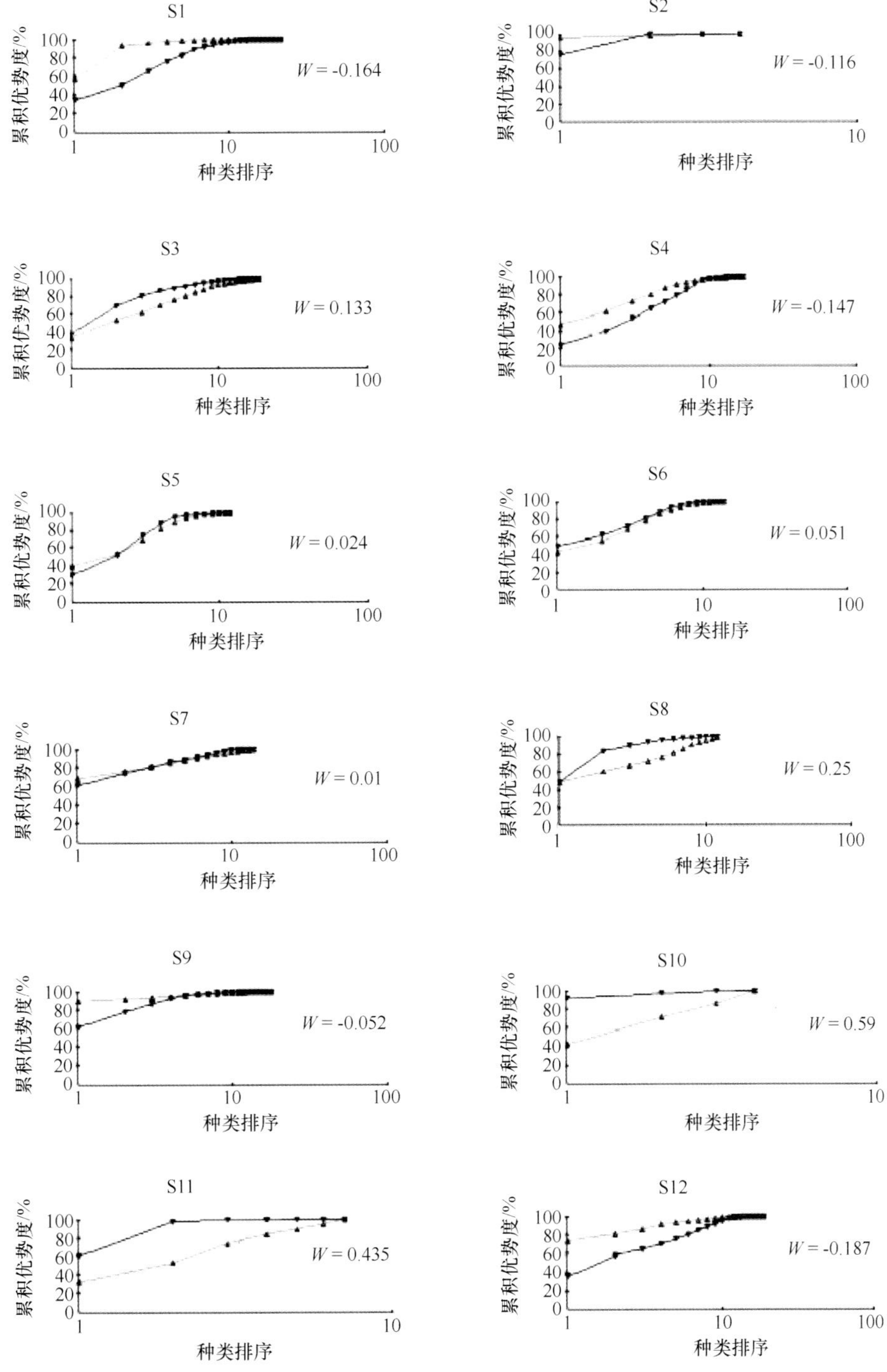

图 2-9　温岭沿岸潮间带大型底栖动物丰度/生物量比较曲线（▲丰度，▼生物量）

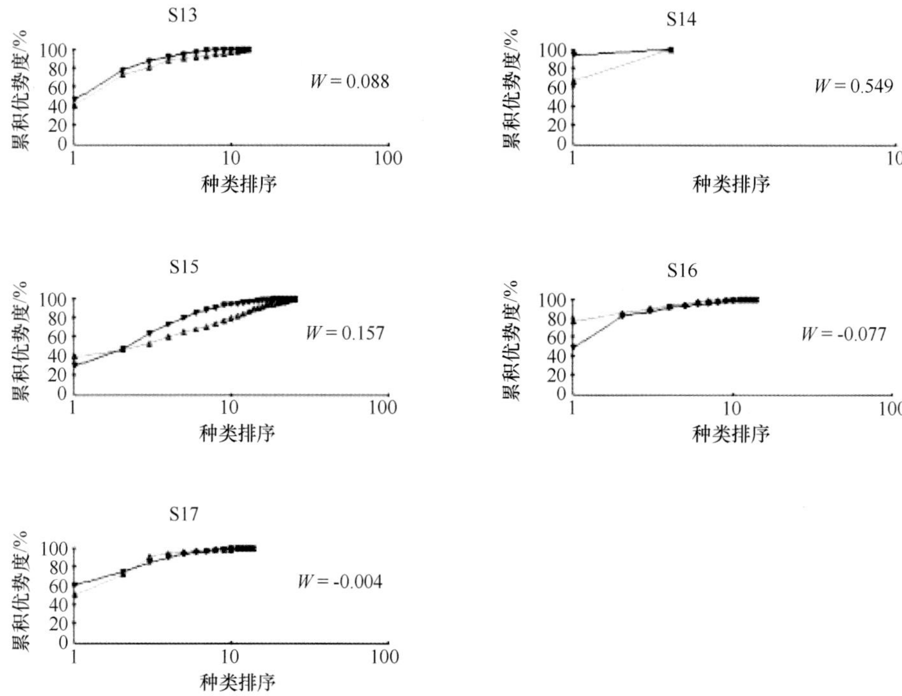

图 2-9 温岭沿岸潮间带大型底栖动物丰度/生物量比较曲线（▲丰度，▼生物量）（续）

6 讨论

6.1 与历史资料的比较

将此次调查结果与海岛潮间带底栖动物资料（朱四喜，2006）相比较，卢建平和范明生等（范明生，1996；卢建平，1996）对宁波海岛潮间带生态学的研究显示其9个主要海岛的25个断面年均生物量为841.91 g·m^{-2}，远远高于温岭沿岸的76.13 g·m^{-2}，而年均密度达到526.4 ind·m^{-2}，远远低于温岭的2 702 ind·m^{-2}。沿岸群落中小个体底栖生物密集分布，海岛群落则一般以大个体底栖生物为主。因此，沿岸群落呈现出丰度数值大、生物量数值小的现象。相反，海岛群落丰度数值较小、生物量数值较大。

再将此次调查结果与2003年夏季浙江沿岸底栖动物调查资料（余方平，2006）进行比较可知，2003年总平均生物量是11.04 g·m^{-2}，总平均栖息密度是230 ind·m^{-2}，均比本次调查结果低，且总平均生物量仅约本次调查的1/7，总平均栖息密度不到本次调查的1/10。此外，浙江沿岸多毛类所占比重很大，温岭却以软体动物为主。虽然季节因素对结果存在着一定的影响，但还是无法否认温岭和浙江沿岸的底栖生物群落结构是有区别的。不同的地理位置其环境因子不尽相同，廖一波等曾将环境因子归纳为3类，包括物理因素（如温度、盐度和水深）、富营养化因素（如N、P等元素）和底质类型（如沉积物粒度参数）（廖一波，2011），各种环境因子共同作用决定了某一地域的群落结构。

6.2 优势物种的形成原因

在温岭沿岸秋季的潮间带大型底栖动物当中，软体动物和节肢动物的种类数、丰度和生物量都是占绝对优势的，这很可能是因为温岭沿岸人工养殖了大面积的缢蛏、对虾、蟹等海产品，这同样也说明温岭沿岸的生态环境、气候等自然条件适宜软体动物和节肢动物的生存。

6.3 底质环境对底栖动物的影响

本次调查采样断面中，S10、S11、S14为沙滩，其余均为泥滩。很显然，沙滩潮间带的生物较贫乏，其种类数、丰度和生物量在所有断面中均排在最后。而在群落分布聚类及 MDS 标序分析的结果中，S10、S11 和 S14 聚成一组，其余的聚成另一组，将大型底栖动物分为泥滩和沙滩两大类，可见底质差异对潮间带生物水平有着重要影响（朱四喜，2010）。但是，S2 和其他泥潭底质的断面相差很大，它只有 4 个物种，是所有泥潭底质断面当中最少的。究其原因，有两种可能：① S2 断面受到了某种人类活动的严重干扰，导致该断面底栖动物种类急剧减少，如有工厂排污；② 采样环节出现失误，如采样的随机性不够。

鲍毅新等（2007）对温州湾灵昆岛东滩潮间带底栖动物的研究中曾提到，中高潮带群落结构相对比较复杂，而低潮带相对较简单，因为其受到潮汐冲击的干扰非常大，底质颗粒又粗大，且露出水面的时间有限。然而本次调查却发现，低潮区的物种数与中潮区的相等，且与高潮区相差并不大。对比平均丰度，低潮区在 3 个潮区中是最高的，高潮区反而是最低的，3 个潮区的平均生物量也相差不大。这也提示，不同潮区大型底栖动物群落结构的关系因各研究点底质的差异而变得错综复杂。

6.4 人类活动对底栖动物群落的影响

温岭水产养殖业非常发达，而滩涂是其发展水产养殖的重要场所。徐国峰、秦铭俐（2011）在 2005—2008 年连续 4 年进行了温岭潮间带水质的取样分析，调查结果显示，温岭潮间带水体富营养化和有机污染程度都呈现上升趋势（徐国锋，2011）。此外，人类的过度采捕、海岸工程和围塘养殖等这些人为干扰（魏永杰，2009）已经对潮间带生物产生了非常严重的影响。

在本次温岭沿岸大型底栖动物的采样调查中，可以看到短拟沼螺这类耐污种成为多个断面的优势种。进一步对多样性指数进行分析，蔡立哲、马丽等（2002）建议将污染评价范围划分为 5 类：$H'>3$ 为清洁；H' 介于 2~3 为轻度污染；H' 介于 1~2 为中度污染；$H'<1$ 为重污染；无底栖动物则说明严重污染（蔡立哲，2002）。此次调查的 17 个断面中有两个断面的 H' 值大于 3，7 个断面的 H' 值介于 2~3，6 个断面的 H' 值介于 1~2，还有两个断面的 H' 值小于 1。

而 ABC 曲线的分析结果更加证明了底栖动物群落受到了一定程度的污染和干扰。田胜艳等（2006）曾提出结论，当群落未受到扰动时，生物量曲线在丰度曲线的上方，若两条曲线接近重合或者有部分出现交叉，则受到了中等程度的干扰，而当生物量曲线始终位于丰度曲线下方的时候，已经存在严重干扰

(田胜艳，2006)。此次调查的17个断面中，有9个断面的 W 值为负，绝对值范围为0.08~0.214，丰度曲线一开始位于生物量曲线的上方随后出现了交叉，因此可以推断出这9个断面受到了中等程度的扰动。这与彭欣等（2011）对乐清湾的研究结果相吻合。而其余几个断面虽然 W 值为正，但绝对值较小。

综上所述，温岭沿岸的整体生态环境不容乐观，应增强保护意识，加强污染控制，开展生态治理，切实保护好温岭沿岸潮间带生物群落的多样性，使其生态服务功能得以持续发挥。

7 浙南潮间带大型底栖生物面临的主要威胁因子

潮间带大型底栖生物的大部分威胁来自海岸带地区，而且是人类活动和人口发展趋势的直接后果。人口增长迅速增大了对海岸带资源利用的压力，导致生境退化、片段化和毁坏。Halpen（2008）研究了人类活动对全球海洋生态系统的影响，发现世界海洋几乎没有地区不受人类活动的影响，高达40%的区域同时受到多种因素的强烈影响，影响较大的区域主要集中在海岸带地区，特别是陆海交界的潮间带区域首当其冲。主要威胁包括以下几个方面。

7.1 污染

海洋污染是潮间带生物面临的最主要的威胁因子。这些污染来自陆地工业、城市和农业污水以及人工倾倒废弃物等，80%以上的海洋污染来源于陆地。这些污染使海洋生物死亡、生物多样性减少，使海洋生物体内的残留毒物增加。严重污染的地段，如某些排污口的潮间带，有时甚至导致物种绝迹。田胜艳等认为在富营养条件下，大型底栖动物中的机会种会大量繁殖，群落多样性指数下降。

7.2 生境破坏

在沿海生态系统中，生境的消失是由一系列因素造成的，包括海水养殖带来的湿地围垦以及城市发展及沿海工程建设带来的围海造地已经导致了大面积的海岸带湿地破碎化和丧失。生境被破坏直接导致生物多样性的减少。围海造地侵占了土著生物栖息地，破坏了原来生物迁徙的廊道，从而使生境破坏，增加了物种灭绝的风险。最为明显的结果就是使群落结构发生变化，潮间带大型底栖动物种类单一化程度越来越高，稳定性降低。

7.3 过度捕捞

过度采捕和毁灭性的采捕方法是潮间带生物面临的主要威胁，而且这种压力没有任何明显地减少。人口发展趋势及对食物的需求，导致海鲜价格上涨及需求增加，对经济物种的采捕在市场需求和经济刺激下迅猛发展。渔民采捕也已远远超出了传统意义上的自给自足，采捕规模和频率不断加大，致使经济物种数量锐减甚至消失，传统的优势种已不再为优势种（如泥蚶、缢蛏等）。而非采捕种数量上升，特别是一些迁移能力强、生活周期短、繁殖速度快、适应能力强的小个体物种，如婆罗囊螺和绯拟沼螺。浙南潮间带大型底栖生物向次生型群落结构的演变，这从 ABC 曲线分析的结果可以得到印证。

7.4 外来物种入侵

外来物种入侵是指物种被引入其自然分布区以外，并建立种群，抢占土著海洋生物的生存空间，对引入地的生物造成破坏的现象。例如互花米草，是一种危害严重的外来入侵物种，由于人为引种使其在沿海地区得以蔓延，因其自身极强的繁殖系数和适应能力，不仅侵占大量良好的养殖地，给滩涂水产养殖业造成了巨大的经济损失，而且还破坏自然环境资源，影响潮滩的生物多样性。

7.5 其他威胁

目前，人们对气候变化可能给整个生态系统带来的影响了解还不多。但是，重大的气候变化（极端天气）将给海洋生物带来影响。气候变化改变了海洋初级生产力，这相当于改变了海洋生态系统的基础。此外，气候变化给海洋系统带来的影响还包括海水表面温度变化引发生物群系地理分布的变化和生物多样性组成的变化，这种影响在高纬度红树林的分布尤为明显。

8 潮间带大型底栖生物保护对策建议

8.1 建立潮间带湿地保护区

建立潮间带湿地保护区不仅可以提高保护区的生物多样性，而且对潮间带大型底栖生物的可持续利用也具有重要的意义。建立的保护区包括湿地自然保护区、水产种质资源保护区以及渔业资源保护区等。潮间带湿地保护区通过在保护区范围内禁止捕捞和一切破坏性开发活动来对当地的多种渔业进行控制和管理，其作用主要取决于对保护区内产卵种群及相对脆弱的生命史阶段的保护，以及对保护区外种群的补充修复。潮间带湿地保护区生物多样性提高的作用主要体现在以下几方面。

（1）禁止采捕活动后，可以有效地控制当地的采捕强度，降低采捕死亡率。潮间带湿地保护区可以直接保护一部分成体移动性较差的物种，如海岛螺类、大型海藻等，为其提供庇护地，提高保护区的繁殖种群，为保护区外种群的补充和恢复创造条件。

（2）可以保护物种生命史中的关键阶段，如对产卵场和幼体肥育地的保护，可以使潮间带生物复杂的产卵行为免受捕捞等人类活动的干扰，保护卵及生物幼体的发育生长，减少对高密度产卵种群和幼体的破坏行为。

8.2 科学实施围填海

加强围填海管理，做到科学、适度围填海，既满足海洋经济的发展需求，又保持海洋资源与环境的可持续利用。严格控制围填海的数量和范围。对围填海项目要进行严格、充分的论证，综合分析围填海工程的规模、数量和利用类型，以及其对邻近海域生物生态的综合影响，控制其数量和范围，并提出防治地形、岸滩及海洋环境被破坏后的整治对策和措施，尽量减少对岸线资源、海洋生物资源的破坏。

8.3 加强海洋环境保护

海洋污染的日益严重，给生物多样性带来严重威胁，同时也制约着潮间带生物资源的可持续利用，因此，在提倡生物多样性保护的同时，我们必须加强海洋环境保护。总的原则是以恢复和改善潮间带环境的水质和生态环境为立足点，以调整产业结构、推行清洁生产为基本途径，以陆源污染防治和海岸带生态保护为重点，实施重点海域陆源污染物和海上污染物排海总量控制制度和排污许可证制度，改善沿岸海域水质。全面实施“碧海行动计划”，推行入海排污总量控制制度，控制农业面源污染和海水养殖污染，严格控制船舶和港口污染，防止海上倾废和海上石油污染等。

8.4 实施海岸带综合管理

海洋生物多样性保护是一个整体过程，它要求许多不同学科、部门和利益相关者参加，而且不同利益相关者必须有效协作。而海岸带综合管理的“综合”一词就包含了空间的综合、部门间的综合、政府间的综合、科学与管理的综合和国际间的综合这 5 个方面，多部门协作是海岸带综合管理从创立之初就延续下来的基本属性。海洋生物多样性受到海洋与海岸带开发活动的较大影响，而仅在海岸带地区范围内，我国涉海部门就有 20 个左右，各行业部门在海岸带的开发利用上都注重本部门利益而未能考虑全局利益，不同的部门根据自己的职能，对同一地区往往从不同的目标进行管理。因此，要完成各自为政的部门分散管理向综合管理的转变，建立自觉干预和内外协调的管理机制，首先就要构建一个完整的综合性管理体系。

8.5 建立公众参与机制

生物多样性保护的目的是为了公众能够获得更大的利益，而且公众参与也是目前海洋管理中广泛运用的工具之一。目前浙江省甚至在全国现有的涉海管理体制下，公众在多数情况下仍然扮演着“遵照执行”的角色。由于公众的意愿得不到及时反映，管理活动就有可能受到来自于公众的阻力。而且大部分人的意识里，涉海规划和管理活动依旧是各级政府的事情，自己只是这些活动的被动受体而已。因此，应当在海岸带综合管理中树立起公众的“主人翁意识”，做好宣传工作，引导、鼓励其加入到公众参与活动中，让民众为海洋环境和海洋生物多样性保护献策出力。

参考文献

孙元敏，陈彬，俞炜炜，等.2010. 海岛资源开发活动的生态环境影响及保护对策研究［J］. 海洋开发与管理，(6)：85-89.

侯森林，余晓韵，鲁长虎.2011. 盐城自然保护区射阳河口潮间带大型底栖动物空间分布与季节变化［J］. 生态学杂志，30（2）：297-303.

叶文虎.2001. 环境管理学［M］. 北京：高等教育出版社，110-118.

杨邦杰，吕彩霞. 2009. 中国海岛的保护开发与管理［J］. 中国发展，9（2）：10-14.

宋婷，朱晓燕. 2005. 国外海岛生态环境保护法律制度对我国的启示［J］. 海洋开发与管理，14-19.

任海，李萍，彭少麟. 2004. 海岛与海岸带生态系统恢复与生态系统管理［M］. 北京：科学出版社.

宋延巍.2004. 海岛生态系统健康评价方法及应用［D］. 青岛：中国海洋大学.

邓春朗.1997. 面向可持续发展的海岸带综合管理研究［J］. 中国人口•资源与环境，7（3）：42-46.

鲍毅新，葛宝明，郑祥，等.2007. 温州湾灵昆岛东滩潮间带大型底栖动物群落的季节动态［J］. 水生生物学报，31（3）：437-444.

蔡立哲，马丽，高阳，等.2002. 海洋底栖动物多样性指数污染程度评价标准的分析［J］. 厦门大学学报（自然科学版），41（5）：641-646.

范明生，卢建平.1996. 宁波海岛潮间带生态学研究I. 种类组成与分布［J］. 东海海洋，14（4）：54-63.

范明生，王海明，蔡如星.1996. 杭州湾潮间带生态学研究I. 种类组成与分布［J］. 东海海洋，14（4）：1-11.

高爱根，陈全震，曾江宁，等.2005. 西门岛红树林区大型底栖动物的群落结构［J］. 海洋学研究，23（2）：33-40.

何明海.1989. 利用底栖生物监测与评价海洋环境质量［J］. 海洋环境科学，8（4）：49-54.

李新正，李宝泉，王洪法，等.2006. 胶州湾潮间带大型底栖动物的群落生态［J］. 动物学报，52（3）：612-618.

厉红梅，孟海涛.2004. 深圳湾底栖动物群落结构时空变化环境影响因素分析［J］. 海洋环境科学，23（1）：37-40.

廖一波，寿鹿，曾江宁，等.2011. 三门湾大型底栖动物时空分布及其与环境因子的关系［J］. 应用生态学报，22（4）：2424-2430.

龙华，余骏，周燕.2008. 大型底栖动物污染指数在乐清湾潮间带环境质量评价中的应用［J］. 海洋学研究, 26 (4): 97-104.

卢建平, 蔡如星, 胡建云, 等 . 1996. 宁波海岛潮间带生态学研究Ⅱ. 数量组成与分布 [J] . 东海海洋, 14 (4): 57-66.

彭欣, 谢起浪, 陈少波, 等 . 2011. 乐清湾潮间带大型底栖动物群落分布格局及其对人类活动的响应 [J] . 生态学报, 31 (4): 954-963.

田胜艳, 于子山, 刘晓收, 等 . 2006. 丰度/生物量比较曲线法监测大型底栖动物受扰动的研究 [J] . 海洋通报, 25 (3): 92-96.

魏永杰, 张海波, 蔡燕红, 等 . 2009. 象山港潮间带大型底栖动物群落受扰动状况研究 [J] . 海洋环境科学, 28 (增刊): 46-49.

徐国锋, 秦铭俐 . 2011. 浙江温岭沿岸表层水体质量分析与评价 [J] . 浙江海洋学院学报 (自然科学版), 30 (6): 529-532.

余方平, 王伟定, 金海卫, 等 . 2006. 2003 年夏季浙江沿岸大型底栖生物生态分布特征 [J] . 上海水产大学学报, 15 (1): 59-64.

袁兴中, 陆健健 . 2001. 长江口潮沟大型底栖动物群落的初步研究 [J] . 动物学研究, 22 (3): 211-215.

赵永强, 曾江宁, 高爱根, 等 . 2009. 椒江口滩涂大型底栖动物群落格局与多样性 [J] . 生物多样性, 17 (3): 103-112.

郑荣泉, 张永普, 李灿阳, 等 . 2007. 乐清湾滩涂大型底栖动物群落结构的时空变化 [J] . 动物学报, 53 (2): 390-398.

朱四喜, 杨红丽, 王锴, 等 . 2006. 2005 年夏季舟山群岛潮间带的生态学研究 [J] . 浙江海洋学院学报 (自然科学版), 25 (4): 359-372.

朱四喜, 周唯, 章飞军 . 2010. 舟山群岛不同底质潮间带夏季大型底栖动物的群落结构特征 [J] . 海洋学研究, 28 (3): 23-33.

庄树宏, 陈礼学, 孙力 . 2003. 南长山岛岩岸潮间带底栖藻类群落结构的季节变化格局 [J] . 海洋科学进展, 21 (2): 194-202.

Li H M, Cai L Z, Lin L Z. 2001. Using hierarchial clustering and nometric MDS to explore spatiotemporal variation of benthic community at intertidal in Shenzhen Bay [J] . Journal of Xiamen University (Natural Science), 40 (3): 735-740.

Tian S Y, Yu Z S, Liu X S. 2006. Abundance /biomass curves for detecting pollution effects on marine macrobenthic communities [J] . Marine Science Bulletin, 25 (1): 92-96.

Warwick R M. 1986. A new method for detecting pollution effects on marine macrobenthic communities [J] . Marine Biology, 92: 557-562.

附表　温岭海岛春季及秋季潮间带大型底栖生物种类组成与分布

种类	春季													秋季												
	水平分布										垂直分布			水平分布										垂直分布		
	积谷山	洛屿	南沙镬	北港山	腊头山	二蒜岛	内钓滨岛	乌龟屿	内龙眼礁	横仔岛	高潮区	中潮区	低潮区	积谷山	洛屿	南沙镬	北港山	腊头山	二蒜岛	内钓滨岛	乌龟屿	内龙眼礁	横仔岛	高潮区	中潮区	低潮区
刺胞动物门 Cnidaria																										
太平侧花海葵 *Anthopleura nigrescens*	√	√	√			√	√		√			√	√	√	√		√	√	√			√			√	√
等指海葵 *Actinia equina*		√																								
纵条肌海葵 *Haliplanella luciae*			√			√		√			√		√											√		
副杯珊瑚 *Paracyathus* sp.					√								√													
桂山厚丛柳珊瑚 *Hicksonella guishanensis*		√	√		√		√		√				√				√		√							
数枝螅 *Obelia* sp.									√				√													
纽形动物门 Nemertea																										
纽虫 SP										√		√														
环节动物门 Annelida																										
覆瓦鳞沙蚕 *Harmothoe imbricata*																			√						√	
盘管虫 *Hydroidex* sp.					√							√	√													

续表

种类	春季													秋季												
	水平分布										垂直分布			水平分布										垂直分布		
	积谷山	洛屿	南沙镬	北港山	腊头山	二蒜岛	内钓滨岛	乌龟屿	内龙眼礁	横仔岛	高潮区	中潮区	低潮区	积谷山	洛屿	南沙镬	北港山	腊头山	二蒜岛	内钓滨岛	乌龟屿	内龙眼礁	横仔岛	高潮区	中潮区	低潮区
长吻沙蚕 *Glycera chirori*										√	√												√	√		
日本角吻沙蚕 *Goniada japonica*										√		√														
短毛海鳞虫 *Halosydna brevisetosa*					√				√			√	√									√				√
日本刺沙蚕 *Neanthes japonica*									√			√														
双齿围沙蚕 *Perinereis aibuhitensis*		√	√				√	√			√	√														
多齿围沙蚕 *Perinereis nuntia*						√		√	√			√	√										√			√
星虫动物门 Sipuncula																										
可口革囊星虫 *Phascolosoma esculenta*																							√			√
软体动物门 Mollusca																										
朝鲜鳞带石鳖 *Lepidozona coreanica*					√							√														
日本花棘石鳖 *Acanthopleura japonica*		√	√		√	√	√		√		√	√	√	√	√		√	√	√	√		√		√	√	√
红条毛肤石鳖 *Acanthochiton rubrolineatus*	√	√	√	√	√	√	√		√		√	√	√		√		√	√	√	√		√		√	√	√
嫁蝛 *Cellana toreuma*		√	√	√	√	√	√	√	√		√	√	√	√			√	√	√	√		√		√	√	
史氏背尖贝 *Notoacmea schrenckii*	√	√	√		√	√	√		√		√	√	√	√	√		√	√				√		√	√	√

续表

种类	春季													秋季												
	水平分布										垂直分布			水平分布										垂直分布		
	积谷山	洛屿	南沙镬	北港山	腊头山	二蒜岛	内钓滨岛	乌龟屿	内龙眼礁	横仔岛	高潮区	中潮区	低潮区	积谷山	洛屿	南沙镬	北港山	腊头山	二蒜岛	内钓滨岛	乌龟屿	内龙眼礁	横仔岛	高潮区	中潮区	低潮区
矮拟帽贝 *Patelloida pygmaea*									√		√															
单齿螺 *Monodonta labio*					√		√					√	√			√		√		√				√	√	√
锈凹螺 *Chlorostoma rustica*	√			√	√		√					√	√	√	√	√	√		√	√					√	√
粒花冠小月螺 *Lunella coronata granulata*					√		√					√	√	√		√						√		√		
齿纹蜒螺 *Nerita yoldii*		√		√				√			√	√	√			√	√			√	√			√	√	
渔舟蜒螺 *Nerita polita*																				√				√		
短滨螺 *Littorina brevicula*		√				√	√	√			√					√						√		√	√	
粗糙滨螺 *Littoraria scabra*										√	√						√						√	√	√	
短拟沼螺 *Assiminea brevicula*										√		√	√										√	√	√	
珠带拟蟹守螺 *Cerithidea cingulata*										√	√		√										√	√	√	√
瘤荔枝螺 *Thais bronni*	√				√								√													
疣荔枝螺 *Thais clavigera*	√	√	√	√	√	√	√	√	√		√	√	√	√	√	√	√	√	√	√	√	√		√	√	√
黄口荔枝螺 *Thais luteotoma*				√	√							√	√		√	√	√	√	√	√		√			√	√
丽小笔螺 *Mitrella bella*				√				√					√										√			√

续表

种类	春季													秋季												
	水平分布										垂直分布			水平分布										垂直分布		
	积谷山	洛屿	南沙镬	北港山	腊头山	二蒜岛	内钓滨岛	乌龟屿	内龙眼礁	横仔岛	高潮区	中潮区	低潮区	积谷山	洛屿	南沙镬	北港山	腊头山	二蒜岛	内钓滨岛	乌龟屿	内龙眼礁	横仔岛	高潮区	中潮区	低潮区
半褶织纹螺 *Nassarius* (*Zeuxis*) *sinarus*										√	√		√													
红带织纹螺 *Nassarius succinctus*																√									√	
纵肋织纹螺 *Nassarius variciferus*																√									√	√
甲虫螺 *Cantharus cecillei*				√	√		√					√	√													
日本菊花螺 *Siphonaria japonica*	√	√	√	√	√	√	√	√	√		√	√	√													
丽口螺 *Calliostoma unicum*														√								√		√		
黄短口螺 *Brachytoma flavidulus*																					√					√
粒蝌蚪螺 *Gyrineum natator*															√	√		√		√						√
小结节滨螺 *Nodilittorina exigua*	√	√	√	√				√	√		√	√		√		√	√	√	√	√	√	√	√	√	√	
塔结节滨螺 *Nodilittorina pyramidalis*														√			√							√		
棒锥螺 *Turritella bacillum*																√					√			√		
丽小笔螺 *Mitrella bella*																√	√				√				√	√
予唇齿螺 *Engina lanceolata*																√		√		√					√	√
蝾螺 *Turbo fluctuosa*																				√						√

续表

种类	春季													秋季												
	水平分布										垂直分布			水平分布										垂直分布		
	积谷山	洛屿	南沙镬	北港山	腊头山	二蒜岛	内钓滨岛	乌龟屿	内龙眼礁	横仔岛	高潮区	中潮区	低潮区	积谷山	洛屿	南沙镬	北港山	腊头山	二蒜岛	内钓滨岛	乌龟屿	内龙眼礁	横仔岛	高潮区	中潮区	低潮区
爪哇拟塔螺 *Turricula javana*																					√				√	
纵带滩栖螺 *Batillaria zonalis*																							√	√		
榛蚶 *Arca avellana*					√								√													
青蚶 *Barbatia obliquata*	√	√	√	√	√	√	√	√	√		√	√	√	√	√	√	√	√	√	√	√	√		√	√	√
贻贝 *Mytilidae* sp.														√	√		√	√	√	√		√		√	√	√
隔贻贝 *Septifer bilocularis*														√	√		√	√	√	√	√	√		√	√	√
条纹隔贻贝 *Septifer virgatus*	√	√	√	√	√	√	√		√		√	√	√	√	√		√	√	√	√	√	√		√	√	√
隆起隔贻贝 *Septifer excisus*																				√						√
厚壳贻贝 *Mytilus coruscus*															√		√	√	√	√		√		√	√	√
毛贻贝 *Trichomy ahirsuta*															√				√			√		√		√
黑荞麦蛤 *Xenostrobus atratus*								√				√	√													
中国不等蛤 *Anomia chinensis*								√				√	√		√		√	√	√			√				√
带偏顶蛤 *Modiolus* sp.																					√				√	
菲律宾偏顶蛤 *Modiolus philippinarum*																					√				√	

续表

种类	春季													秋季												
	水平分布										垂直分布			水平分布										垂直分布		
	积谷山	洛屿	南沙镬	北港山	腊头山	二蒜岛	内钓滨岛	乌龟屿	内龙眼礁	横仔岛	高潮区	中潮区	低潮区	积谷山	洛屿	南沙镬	北港山	腊头山	二蒜岛	内钓滨岛	乌龟屿	内龙眼礁	横仔岛	高潮区	中潮区	低潮区
葡萄牙牡蛎 *Crassostrea angulata*								√					√													
彩虹明樱蛤 *Moerella irideseens*										√	√												√		√	
纹斑棱蛤 *Trapezium liratum*								√					√													
光滑河蓝蛤 *Potamocorbula laevis*																							√			√
牡蛎 *Ostreidae* sp.																			√			√			√	
密鳞牡蛎 *Ostrea denselamellosa*																			√							
缢蛏 *Sinonovacula constricta*										√	√	√											√		√	√
短石蛏 *Lithophaga curta*																			√							
吉村马特海笋 *Aspidopholas yoshimurai*			√										√													
节肢动物门 Arthropoda																										
龟足 *Pollicipes mitella*	√	√	√	√	√	√	√	√	√		√	√		√	√		√	√	√	√	√	√		√	√	
日本笠藤壶 *Tetraclita japonica*	√	√	√	√	√	√	√	√	√		√	√	√	√	√		√	√	√	√	√	√		√	√	√
藻钩虾 *Caprella* sp.		√		√				√	√		√	√	√													
圆柱水虱 *Cirolana* sp.									√				√													

续表

种类	春季													秋季												
	水平分布										垂直分布			水平分布										垂直分布		
	积谷山	洛屿	南沙镬	北港山	腊头山	二蒜岛	内钓滨岛	乌龟屿	内龙眼礁	横仔岛	高潮区	中潮区	低潮区	积谷山	洛屿	南沙镬	北港山	腊头山	二蒜岛	内钓滨岛	乌龟屿	内龙眼礁	横仔岛	高潮区	中潮区	低潮区
海蟑螂 *Ligia exotica*					√		√										√	√	√			√				√
长腕寄居蟹 *Pagurus geminus*		√			√							√	√													
寄居蟹 *Paguridae* spp.																√					√			√	√	√
绒毛细足蟹 *Raphidopus ciliatus*																				√				√		
新尖额蟹 *Neorhynchoplax* sp.																		√								√
特异大权蟹 *Macromedaeus distinguendus*								√				√														
光辉圆扇蟹 *Sphaerozius nitidus*									√				√				√	√	√		√	√			√	√
四齿大额蟹 *Metopograpsus quadridentatus*																		√								√
粗腿厚纹蟹 *Pachygrapsus crassipes*		√		√		√		√	√		√	√	√		√	√	√	√	√		√	√			√	√
无齿螳臂相手蟹 *Chiromantes dehaani*																							√	√		
小相手蟹 *Nanosesarma minutum*		√		√		√		√				√	√													
长足长方蟹 *Metaplax longipes*										√		√	√										√	√	√	√
平背蜞 *Gaetice depressus*																√									√	
肉球近方蟹 *Hemigrapsus sanguineus*		√		√														√								√

续表

种类	春季													秋季												
	水平分布										垂直分布			水平分布										垂直分布		
	积谷山	洛屿	南沙镬	北港山	腊头山	二蒜岛	内钓滨岛	乌龟屿	内龙眼礁	横仔岛	高潮区	中潮区	低潮区	积谷山	洛屿	南沙镬	北港山	腊头山	二蒜岛	内钓滨岛	乌龟屿	内龙眼礁	横仔岛	高潮区	中潮区	低潮区
淡水泥蟹 *Ilyoplax tansuiensis*										√			√													
弧边招潮蟹 *Uca arcuata*																							√	√		
脊索动物门 Chordata																										
弹涂鱼 *Periophthalmus modesties*																							√	√		
裸鳍虫鳗 *Muraenichthy sgymnopterus*																							√			√
藻类																										
红藻门 Rhodophyta																										
粗珊藻 *Calliarthron yessoense*														√	√		√	√	√			√			√	√
拟鸡毛菜 *Pterocldiella capillacea*														√			√		√							
坛紫菜 *Porphyra haitanensis*			√						√		√	√														
小石花菜 *Gelidium divaricatum*		√	√	√	√				√		√	√	√													
匍匐石花菜 *Gelidium pusillum*							√		√				√													
珊瑚藻 *Corallina officinalis*		√	√						√				√													
无柄珊瑚藻 *Corallina sesslis*						√						√														

续表

种类	春季													秋季												
	水平分布										垂直分布			水平分布										垂直分布		
	积谷山	洛屿	南沙镬	北港山	腊头山	二蒜岛	内钓滨岛	乌龟屿	内龙眼礁	横仔岛	高潮区	中潮区	低潮区	积谷山	洛屿	南沙镬	北港山	腊头山	二蒜岛	内钓滨岛	乌龟屿	内龙眼礁	横仔岛	高潮区	中潮区	低潮区
海萝 *Gloiopeltis furcata*			√									√										√				√
鹿角海萝 *Gloiopeltis tenax*														√												
中间软刺藻 *Chodracanthus intermedius*		√	√	√	√		√	√	√			√	√													
叉枝伊谷藻 *Ahnfeltia furcellata*	√												√													
错综红皮藻 *Rhodymenia intricata*									√				√													
羽裂橡叶藻 *Phycodrys fimbriata*									√				√													
粗枝软骨藻 *Chondria crassicaulis*									√				√													
日本多管藻 *Polysiphonia japonica*						√						√														
茎刺藻 *Stylonema alsidii*																√									√	
叉枝伊谷草 *Ahnfeltia furcellata*																	√									
环节藻 *Champia parvula*																	√									
褐藻门 Phaeophyta																										
厚膜藻 *Pachymenia carnosa*									√				√													
鼠尾藻 *Sargassum thunbergii*		√											√	√			√									√

续表

种类	春季													秋季												
	水平分布										垂直分布			水平分布										垂直分布		
	积谷山	洛屿	南沙镬	北港山	腊头山	二蒜岛	内钓滨岛	乌龟屿	内龙眼礁	横仔岛	高潮区	中潮区	低潮区	积谷山	洛屿	南沙镬	北港山	腊头山	二蒜岛	内钓滨岛	乌龟屿	内龙眼礁	横仔岛	高潮区	中潮区	低潮区
铁钉菜 *Ishige okamurae*															√		√	√	√							
叉状黑顶藻 *Sphacelaria furcigera*																	√									
网地藻 *Dictyota dichotoma*																			√						√	
绿藻门 Chlorophyta																										
缘管浒苔 *Enteromorpha linza*						√																				
浒苔 *Enteromorpha prolifera*										√		√														
砺菜 *Ulva conglobate*		√	√	√		√			√			√	√													
孔石莼 *Ulva pertusa*									√																	
膨胀刚毛藻 *Cladophora utriculosa*																										
羽藻 *Bryopsis plumose*									√				√													
苔鸭毛藻 *Symphyocladiam archantioides*		√											√													
中间硬毛藻 *Chaetomorpha media*																			√			√				√

附图 1 温岭海岛潮间带大型底栖生物图集

多毛类

多齿围沙蚕 *Perinereis nuntia*

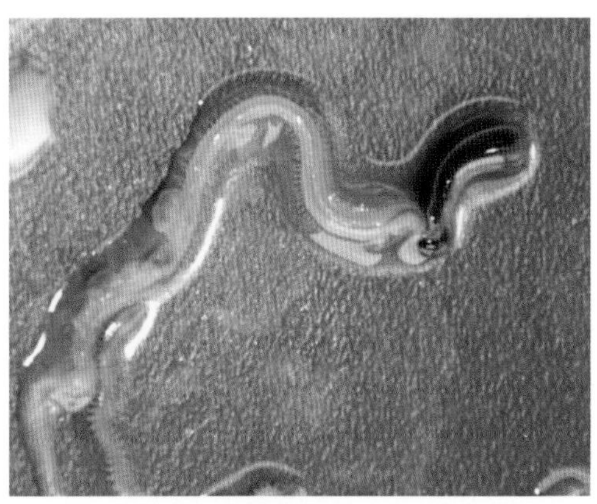

长吻沙蚕 *Glycera chirori*

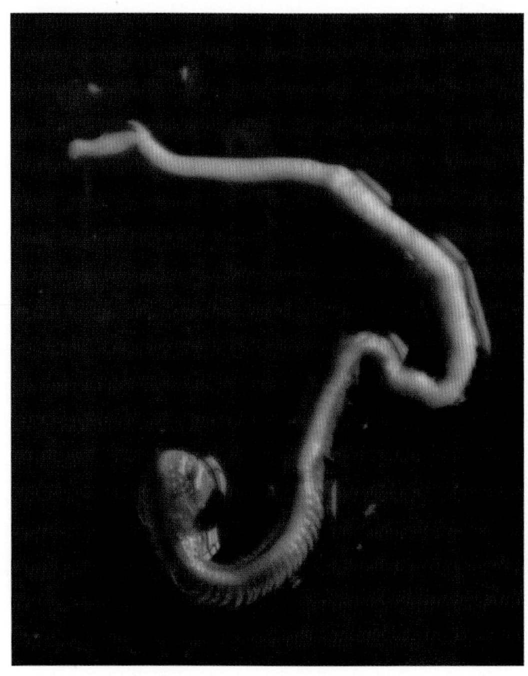

日本角吻沙蚕 *Goniada japonica*

腔肠动物

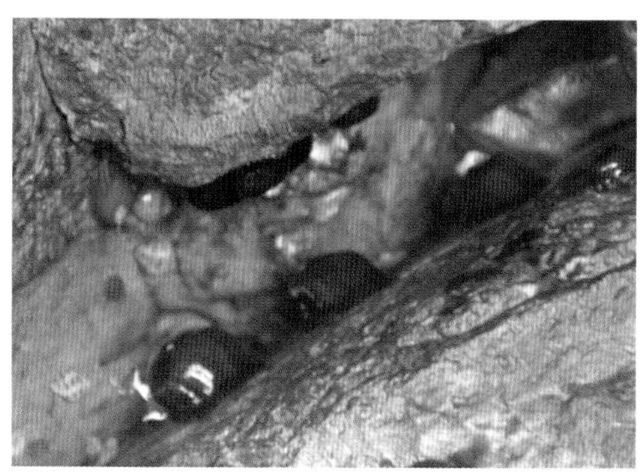

等指海葵 *Actinia equina*

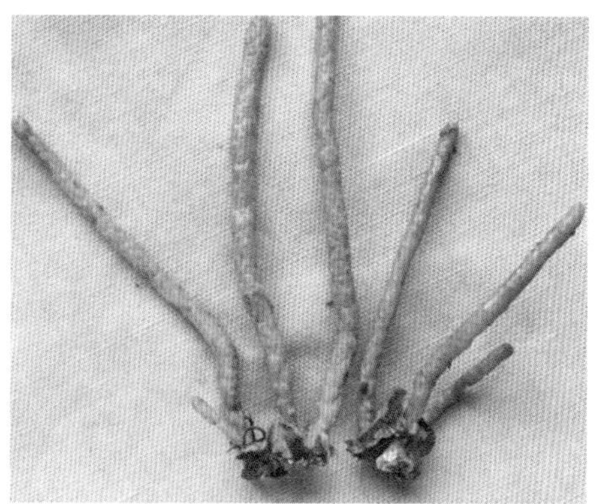

桂山厚丛柳珊瑚

Hicksonella guishanensis

太平侧花海葵 *Anthopleura nigrescens*

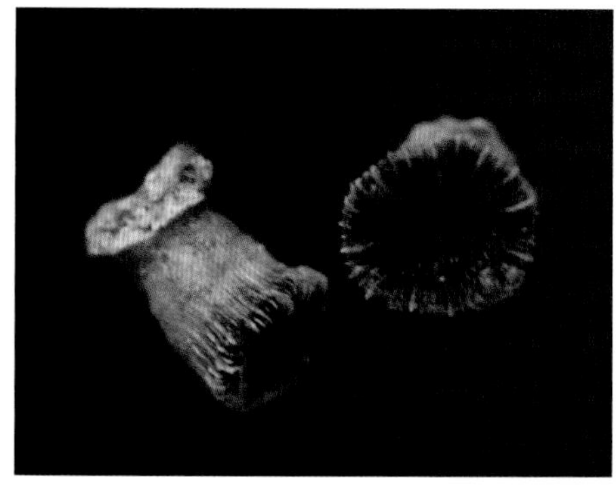

穴居异杯珊瑚 *Paracyathus* sp.

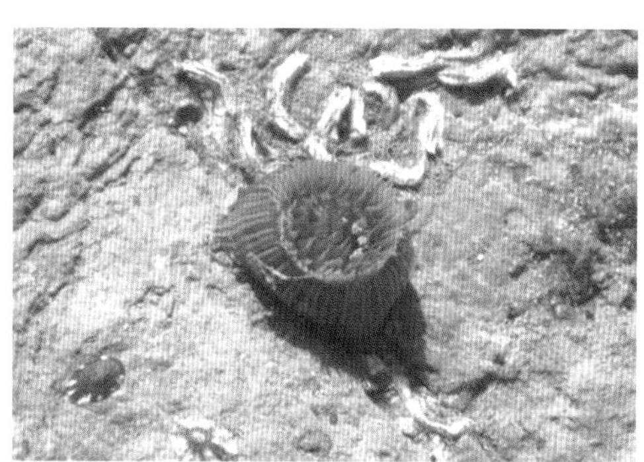

纵条矶海葵 *Haliplanella lineate*

软体动物

半褶织纹螺 *Nassarius* (*Zeuxis*) *sinarus*

粗糙滨螺 *Littoraria scabra*

红带织纹螺 *Nassarius succinctus*

粒花冠小月螺 *Lunella coronate granulata*

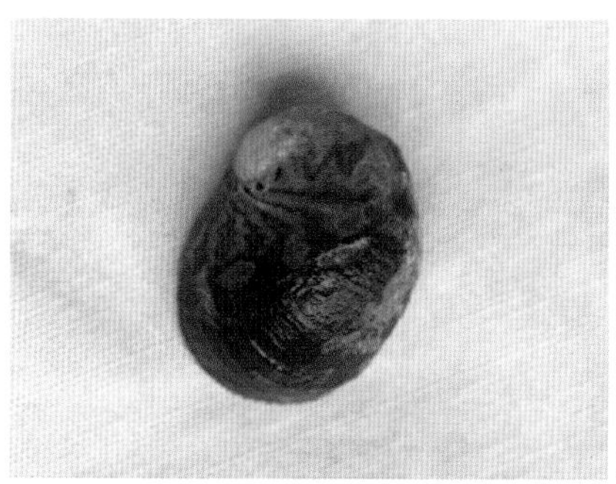
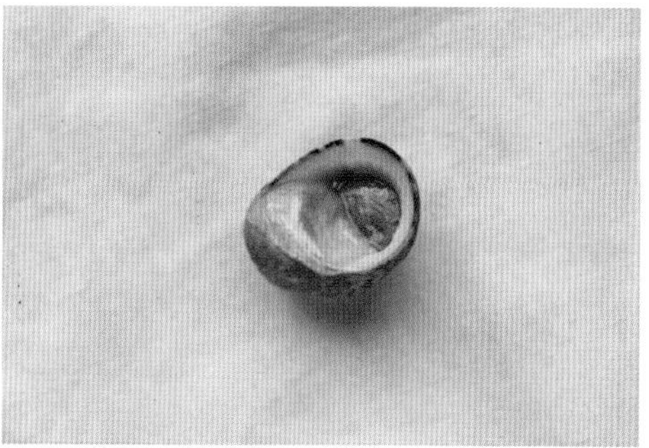

齿纹蜒螺 *Nerita yoldii*

短滨螺 *Littorina brevicula*

短拟沼螺 *Assiminea brevicula*

锈凹螺 *Chlorostoma rustica*

甲虫螺

Cantharus cecilleri

黄口荔枝螺 *Thais luteotoma*

疣荔枝螺 *Thais clavigera*

日本菊花螺

Siphonaria japonica

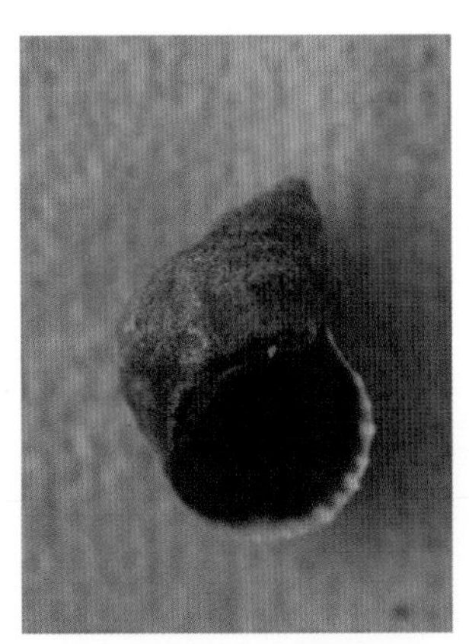

小结节滨螺

Nodilittorina exigua

珠带拟蟹守螺

Cerithidea cingulata

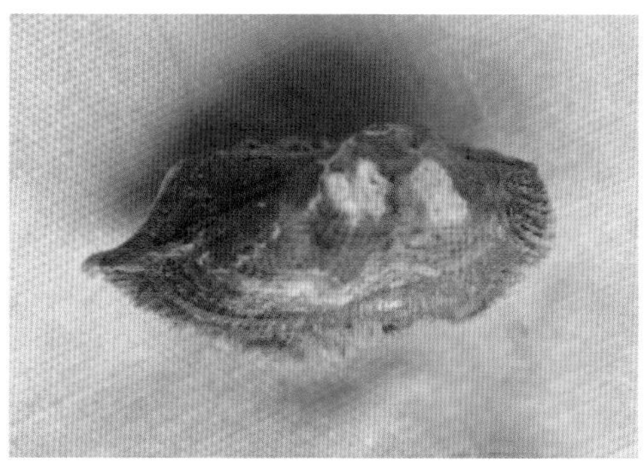

布氏蚶 *Arca boucaedi*

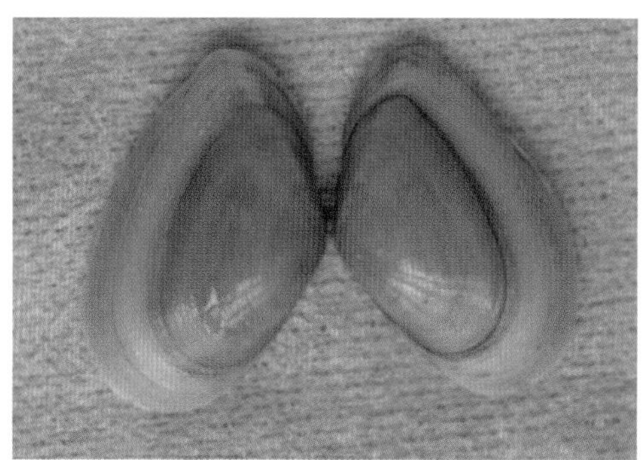

彩虹明樱蛤 *Moerella iridescens*

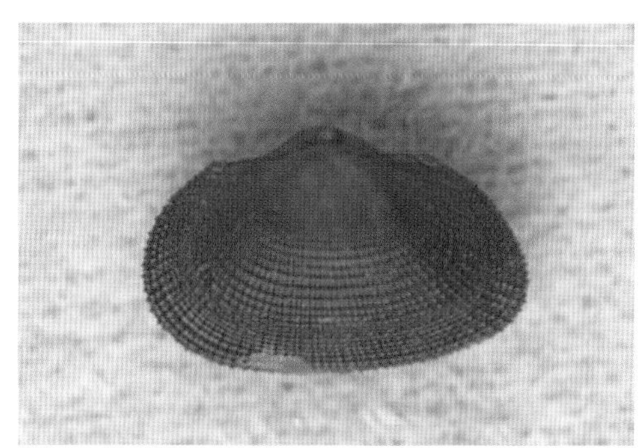

橄榄蚶 *Estellarca olivacea*

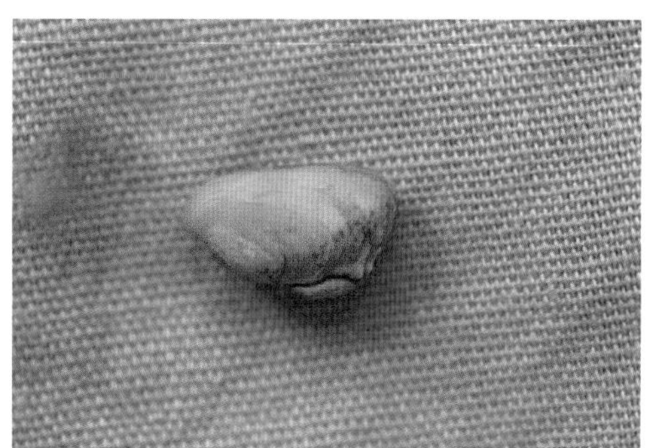

纹斑棱蛤 *Trapezium liratum*

光滑河蓝蛤 *Potamocorbula laevis*

黑荞麦蛤 *Xenostrobus atratus*

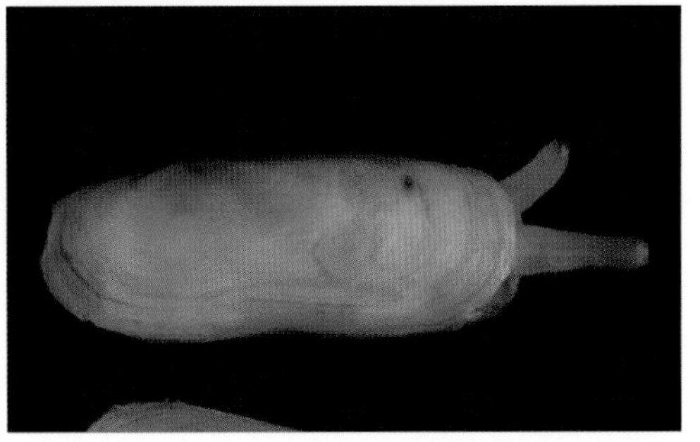

缢蛏 *Sinonovacula constricta*

中国不等蛤 *Anomia chinensis*

条纹隔贻贝 *Septifer virgatus*

青蚶 *Barbatia obliquata*

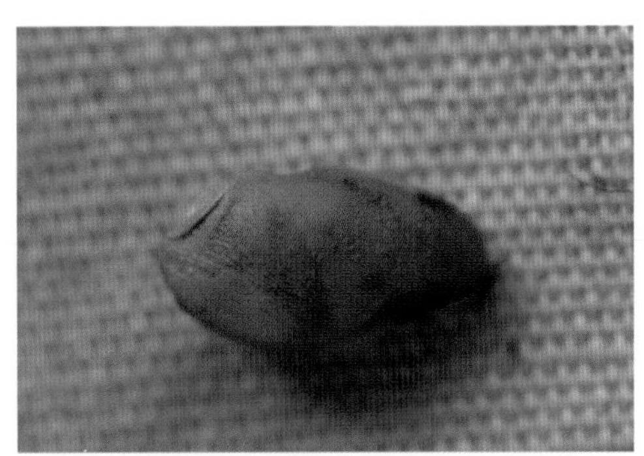

吉村马特海笋 *Martesia yoshimurai*

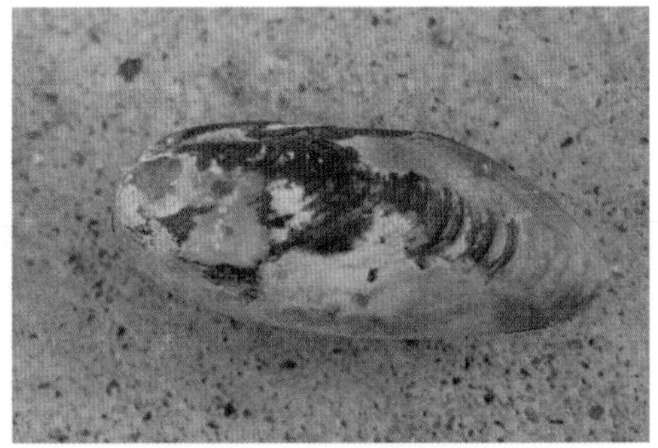

短石蛏 *Lithophaga curta*

朝鲜鳞带石鳖 *Lepidozona coreanica*

日本花棘石鳖 *Acanthopleura japonica*

红条毛肤石鳖 *Acanthochiton rubrolineatus*

嫁䗩 *Cellana toreuma*

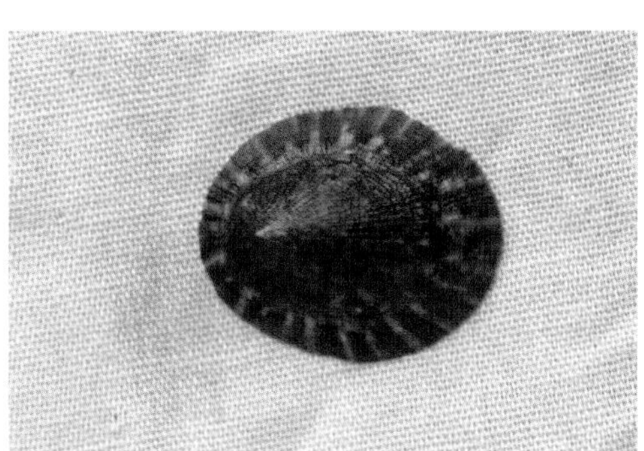

史氏背尖贝 *Notoacmea schrenckii*

甲壳动物

龟足 *Pollicipesmitella*

海蟑螂 *Ligia exotica*

日本笠藤壶 *Tetraclita japonica*

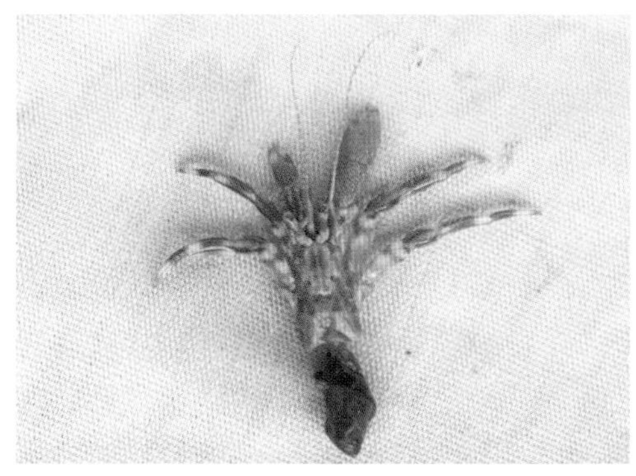

长腕寄居蟹 *Pagurus longicarpus*

粗腿厚纹蟹 *Pachygrapsus crassipes*

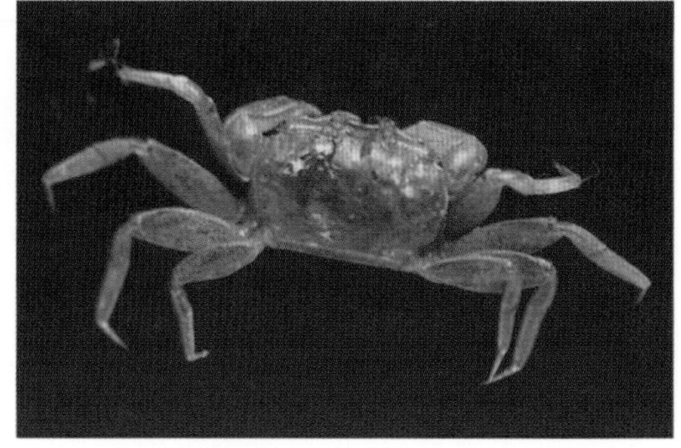

淡水泥蟹 *Ilyoplax tansuiensis*

日本大眼蟹 *Macrophthalmus japonicus*

肉球近方蟹 *Hemigrapsus sanguineus*

长足长方蟹 *Metaplax longipes*

中华绒螯蟹 *Eriocheir sinensis*

光辉圆扇蟹 *Sphaerozius nitidus*

大型海藻

粗枝软骨藻 *Chondria crassicaulis*

错综红皮藻 *Rhodymenia intricata*

叉枝伊谷草 *Ahnfeltia furcellata*

海萝 *Gloiopeltis furcata*

匍匐石花菜 *Gelidium pusillum*

珊瑚藻 *Corallina officinalis*

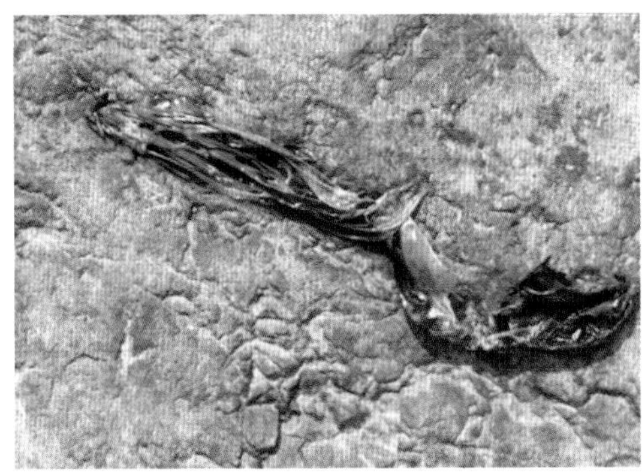

坛紫菜 *Porphyra haitanensis*

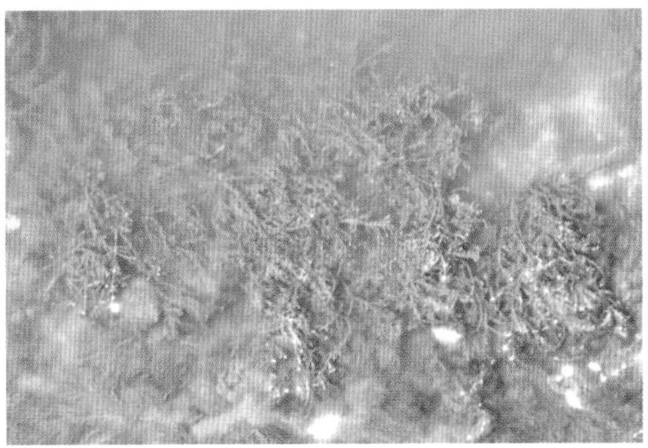

无柄珊瑚藻 *Corallina sesslis*

羽裂橡叶藻 *Phycodrys fimbriata*

中间软刺藻 *Chodracanthus intermedius*

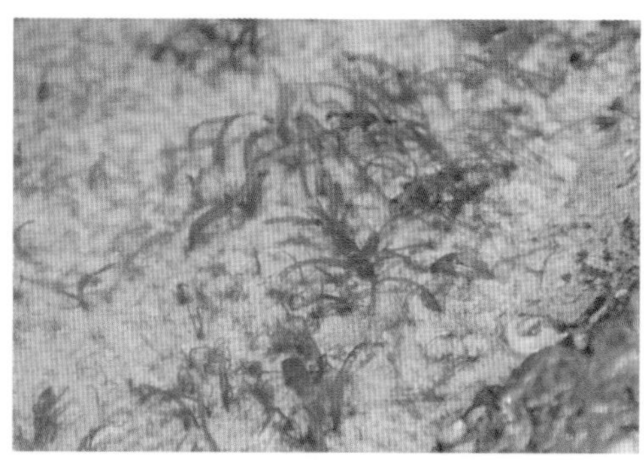

缘管浒苔 *Enteromorpha linza*

孔石莼 *Ulva pertusa*

鼠尾藻 *Sargassum thunbergii*

厚膜藻 *Pachymenia carnosa*

附图 2 温岭滩涂潮间带常见大型底栖生物图集

刺胞动物门 Cnidaria

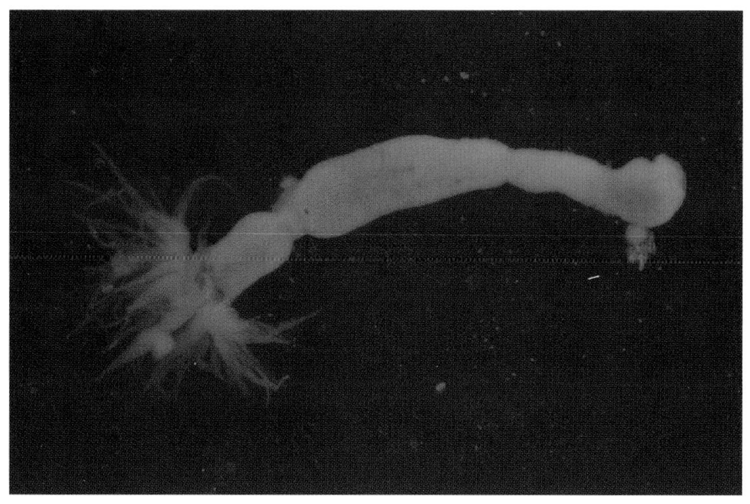

星虫爱氏海葵 *Edwardsia sipunculoides*

环节动物门 Annelida

智利巢沙蚕 *Diopatra chiliensis*

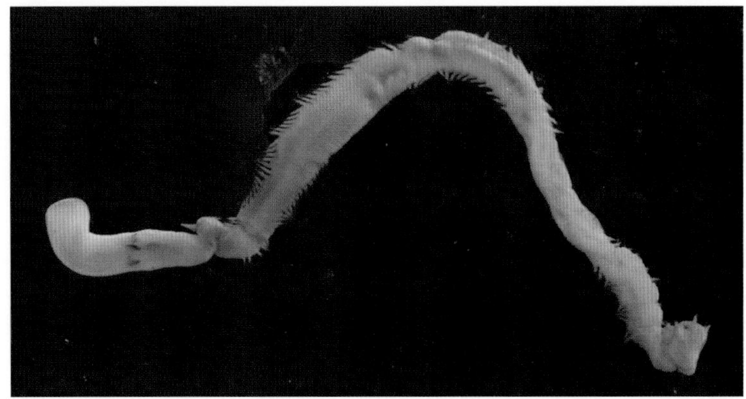

长吻沙蚕 *Glycera chirori*

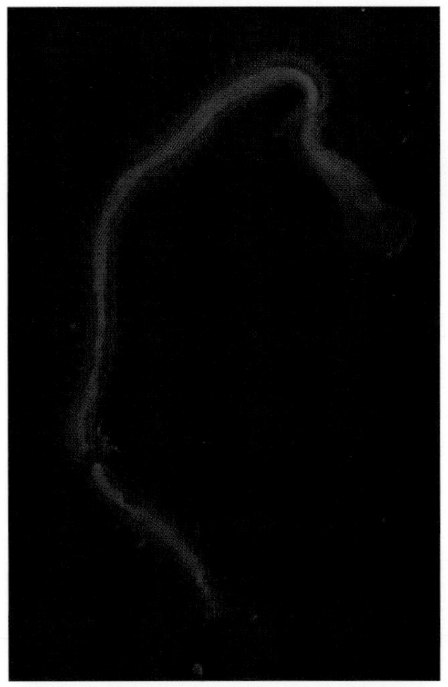

日本角吻沙蚕 *Goniada japonica*

不倒翁虫 *Sternaspis scutata*

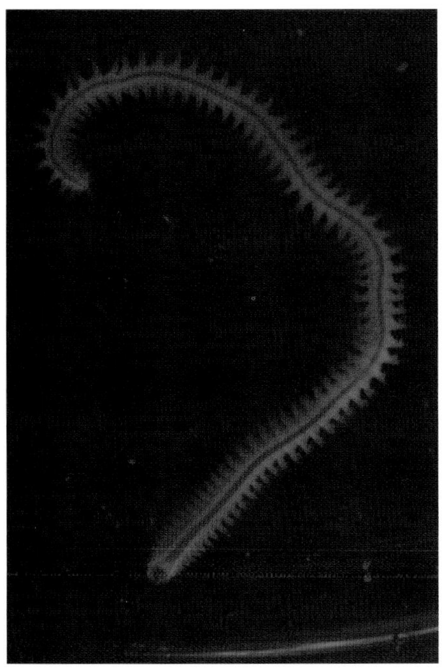

多齿围沙蚕 *Perinereis nuntia*

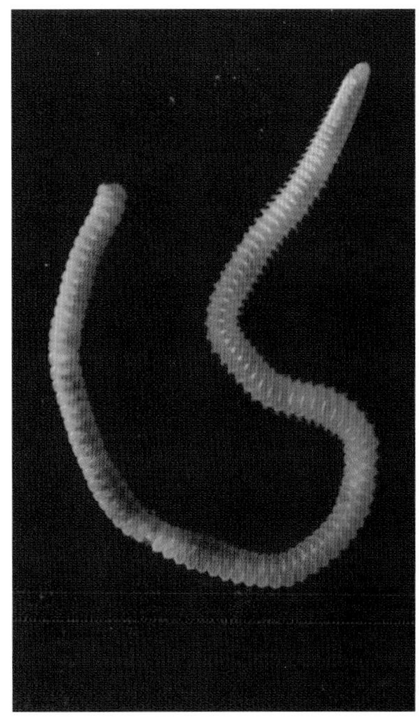

异足索沙蚕 *Lumbrineris heteropoda*

星虫动物门 Sipuncula

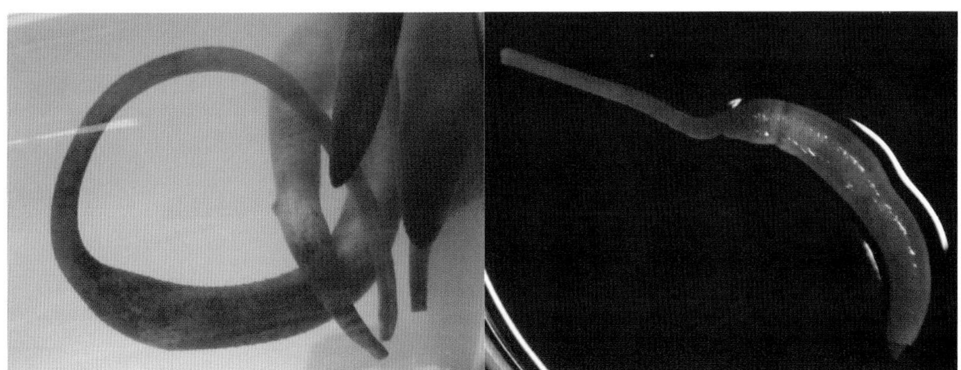

可口革囊星虫 *Phascolosoma esculenta*

软体动物门 Mollusca

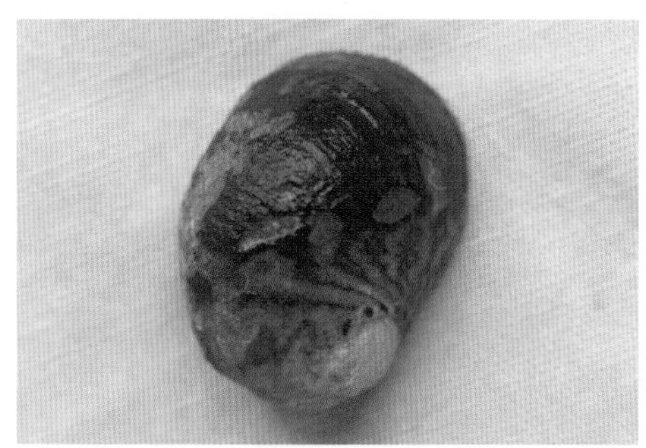

齿纹延螺 *Nerita yoldii*

短拟沼螺 *Assiminea brevicula*

微黄廉玉螺 *Lunatia gilva*

扁玉螺 *Neverita didyma*

半褶织纹螺 *Nassarius semiplicatus*

红带织纹螺 *Nassarius succinctus*

秀长织纹螺 *Nassarius foveolatus*

习见织纹螺 *Nassarius festivus*

纵肋织纹螺 *Nassarius variciferus*

宽带梯螺 *Papyriscala clementinum*

尖锥拟蟹守螺 *Cerithidea largillierti*

珠带拟蟹守螺 *Cerithidea cingulata*

光滑狭口螺 *Stenothyra glabra*

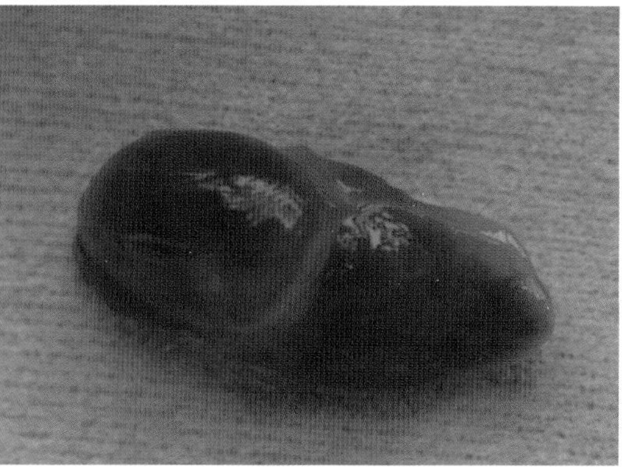

泥螺 *Bullacta exarata*

婆罗囊螺 *Retusa boenensis*　　圆筒原盒螺 *Eocylichna braunsi*

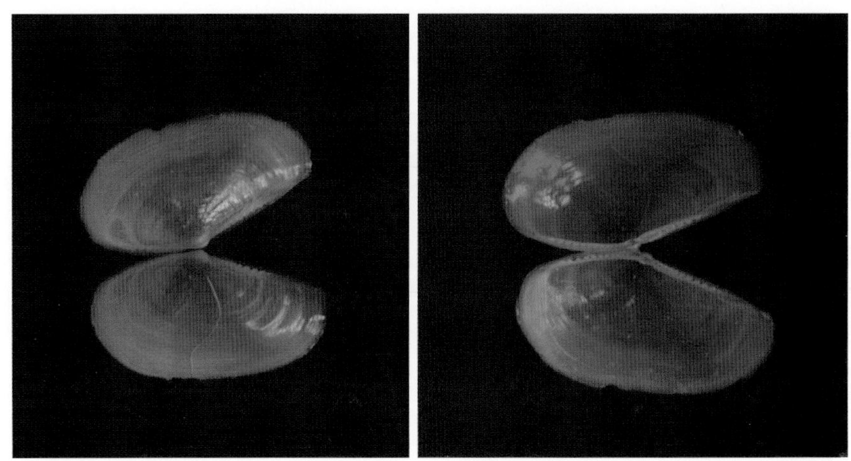

薄云母蛤 *Yoldia similes*

泥蚶 *Teillarca granosa*

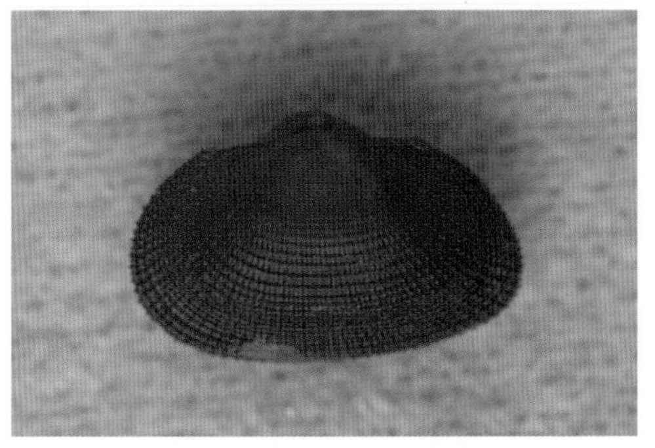

橄榄蚶 *Estellarca olivacea*

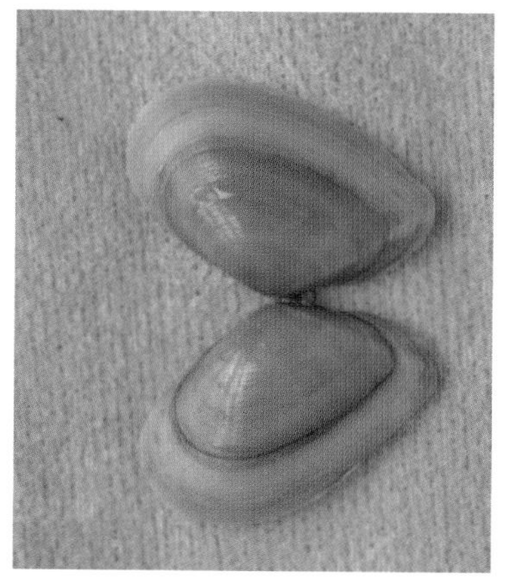

彩虹明樱蛤 *Moerella irideseens*

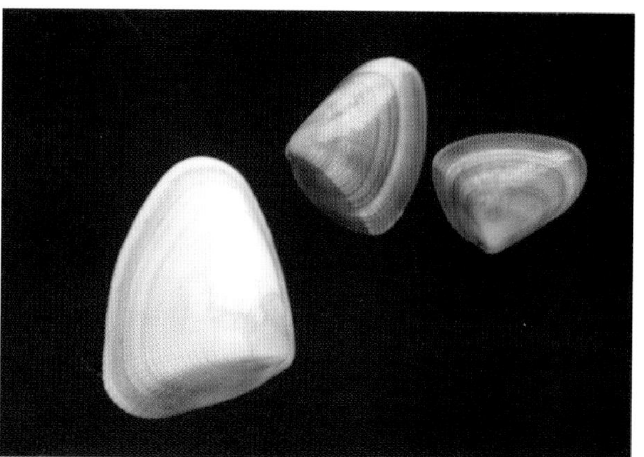

狄氏斧蛤 *Chion dysoni*

理蛤 *Theora lata*

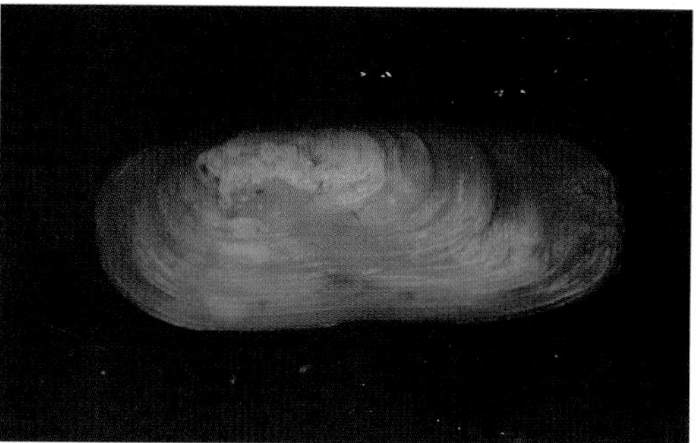

缢蛏 *Sinonovacula constricta*

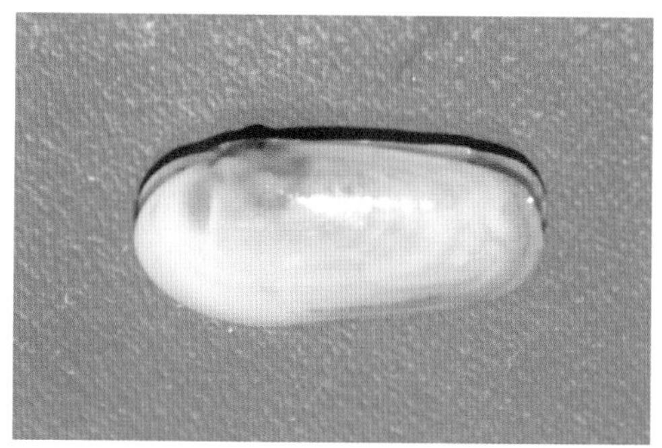

小荚蛏 *Siliqua minima*

青蛤 *Cyclina sinensis*

等边浅蛤 *Gomphina aequilatera*

光滑河蓝蛤 *Potomocorbula laevis*

斧文蛤 *Meretrix lamarckii*

皱纹绿螂 *Glauconme corrugata*

节肢动物门 Arthropoda

短脊鼓虾 *Alpheus brevicristatus*

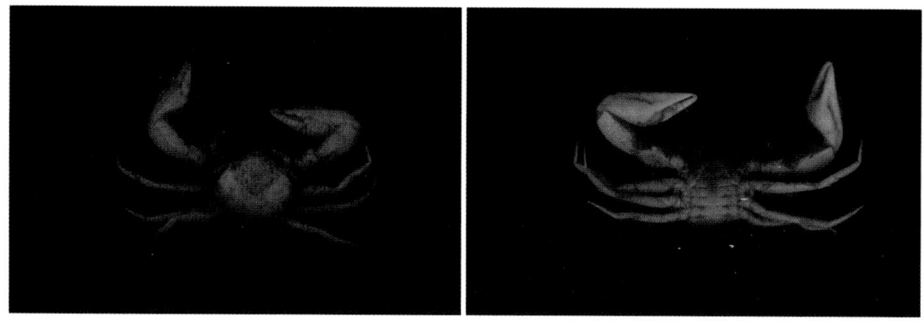

绒毛细足蟹 *Raphidopus ciliatus*

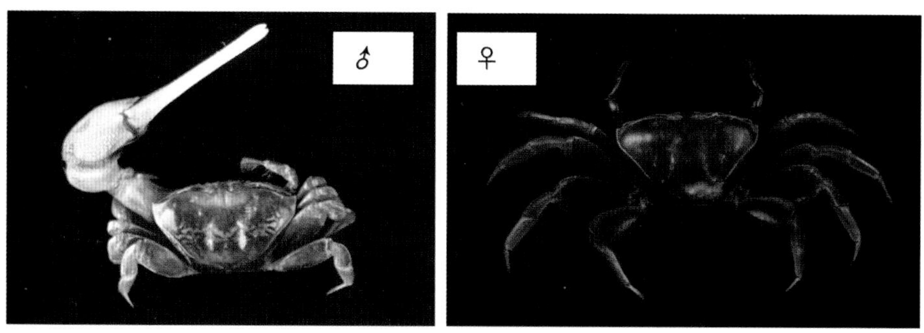

弧边招潮蟹 *Uca arcuata*（背面观）

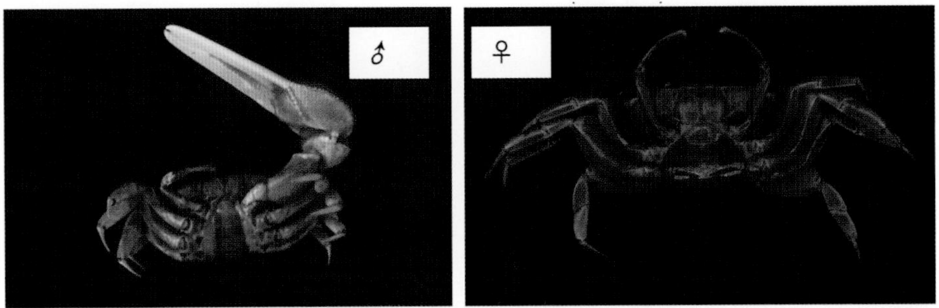

弧边招潮蟹 *Uca arcuata*（腹面观）

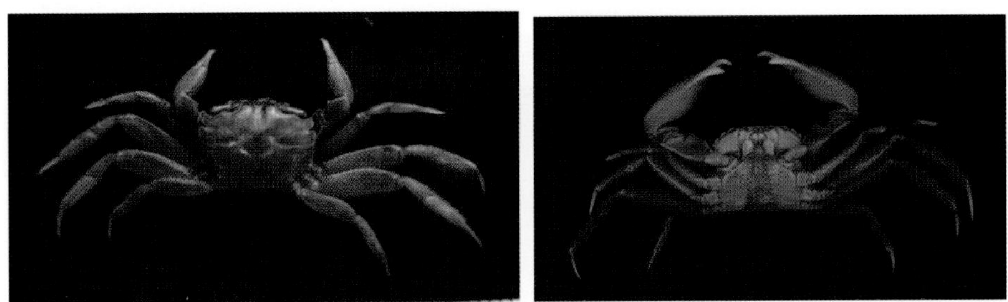

长足长方蟹 *Metaphlax longipes*（雄性）

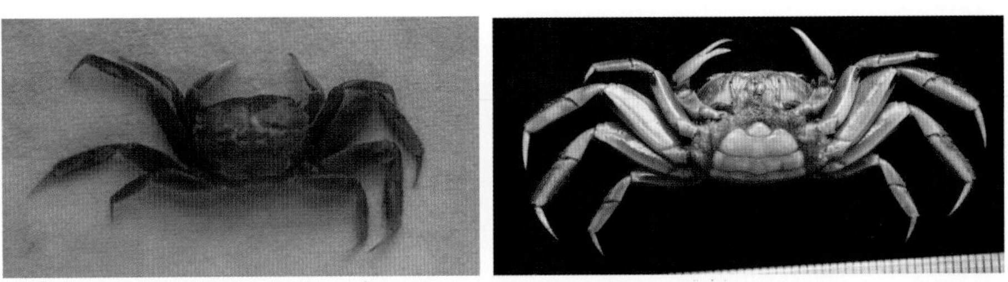

长足长方蟹 *Metaphlax longipes*（雌性）

橄榄拳蟹 *Parilia olivacea*

痕掌沙蟹 *Ocypode stimpsoni*

淡水泥蟹 *Ilyoplax tansuiensis*

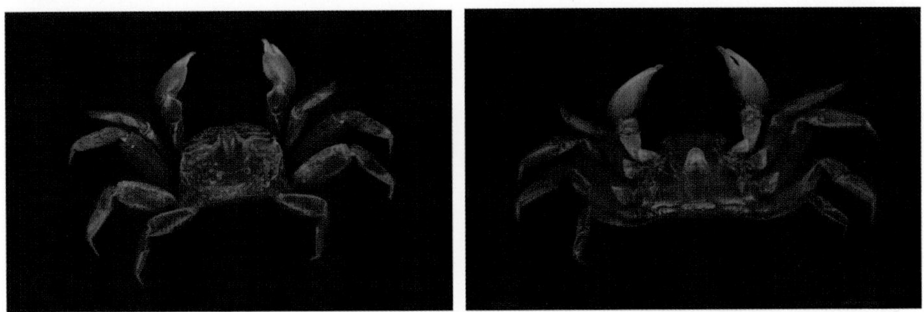

宁波泥蟹 *Ilyoplax ningpoensis*

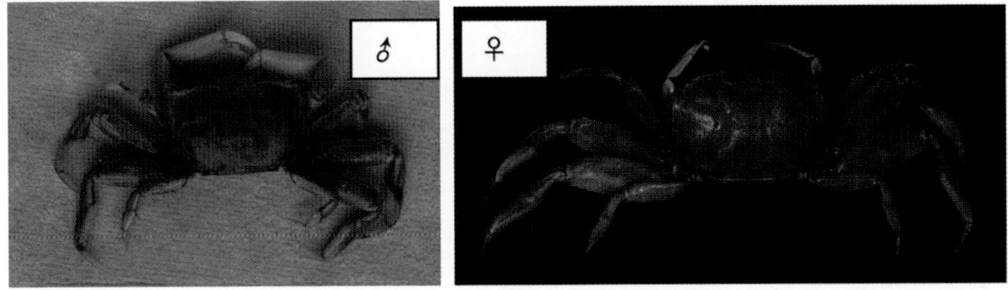

日本大眼蟹 *Macrophthalmus japonicus*

附图 3　项目组工作图片

温岭海岛调查现场照片

现场采样

采样样方

二蒜岛局部图

腊头山局部图

洛屿局部图

滩涂调查采样

滩涂调查采样

温岭潮间带小生境

石鳖与海葵

中上潮区的小生境（石鳖、海葵、荔枝螺等）

嫁蝛与藤壶

鼠尾藻

海藻群落

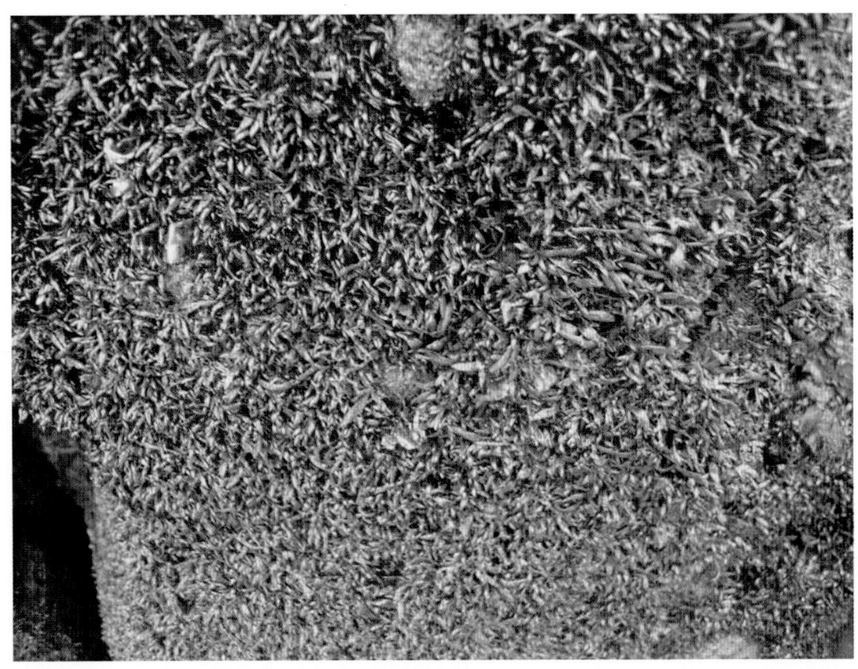

海藻近照

贻贝

藤壶和贻贝

滩涂和生物

沙滩贝类